湿地保护修复与可持续利用丛书

本书是国家科技重大专项"汉丰湖流域生态防护带建设关键技术研究与示范"（2013ZX07104-004-05）成果

Study on Biodiversity of Pengxi River
Wetland Nature Reserve

澎溪河湿地自然保护区
生物多样性研究

■ 袁兴中 熊 森 黄亚洲 等◎著

科学出版社

北 京

内 容 简 介

作为三峡水库消落带湿地生物多样性研究方面的专著，本书在反映三峡水库蓄水影响下消落带生态环境研究的最新进展的基础上，对澎溪河湿地自然保护区的生物多样性进行了全面阐述。全书共十二章，完整概括了三峡水库澎溪河湿地自然保护区情况、浮游生物多样性、高等维管植物多样性、底栖无脊椎动物多样性、鱼类多样性、两栖类和爬行类多样性、鸟类多样性、兽类多样性，分析了澎溪河湿地自然保护区生物多样性空间格局及成因，论述了基于生物多样性保护的湿地生态系统修复与可持续利用途径，展示了消落带生态系统修复的创新性生态工程措施。

本书可供生态学、风景园林学、湿地科学、环境科学与工程等领域的管理人员、专业技术人员和普通高等学校有关专业师生阅读。

图书在版编目（CIP）数据

澎溪河湿地自然保护区生物多样性研究/袁兴中等著. —北京：科学出版社，2022.1
（湿地保护修复与可持续利用丛书）
ISBN 978-7-03-070504-4

Ⅰ.①澎… Ⅱ.①袁… Ⅲ.①沼泽化地-自然保护区-生物多样性-研究-开县 Ⅳ.①S759.992.719.4 ②Q16

中国版本图书馆 CIP 数据核字（2021）第 224843 号

责任编辑：朱萍萍　姚培培 / 责任校对：刘　芳
责任印制：徐晓晨 / 封面设计：有道文化

科学出版社 出版
北京东黄城根北街 16 号
邮政编码：100717
http:// www.sciencep.com

天津市新科印刷有限公司 印刷
科学出版社发行　各地新华书店经销
*
2022 年 1 月第 一 版　开本：720×1000　1/16
2022 年 1 月第一次印刷　印张：14 1/2
字数：218 000
定价：**98.00 元**
（如有印装质量问题，我社负责调换）

丛书编委会

主　任：马广仁

成　员（以姓氏笔画为序）：

田　昆　杜春兰　杨　华　张　洪

张明祥　袁兴中　崔保山　熊　森

丛 书 序

　　湿地是重要的生态系统，是流域生态屏障不可缺少的组成部分，具有重要的生态服务功能，包括涵养水源、水资源供给、气候调节、环境净化、生物多样性保育、碳汇等。近年来，经济社会的高速发展给湿地生态系统带来了巨大压力和严峻挑战。随着人口急剧增加和经济快速发展，对湿地的不合理开发利用导致天然湿地日益减少，湿地的功能和效益日益下降；过量捕捞、狩猎、砍伐、采挖等对湿地生物资源的过量获取，造成湿地生物多样性丧失；盲目开垦导致湿地退化和面积减少；水资源过度利用，使得湿地蓄水、净水功能下降，顺应自然规律的天然水资源分配模式被打破；湿地长期承泄工农业废水、生活污水，导致湿地水质恶化，严重危及湿地生物生存环境；森林植被破坏，导致水土流失加剧，江河湖泊泥沙淤积，使湿地资源遭受破坏，生态功能严重受损；气候变化（尤其是极端灾害天气频发）给湿地生态系统带来了严重威胁。长期以来，一些地方对湿地资源重开发、轻保护，重索取、轻投入，使得湿地资源不堪重负，已经超出了湿地生态系统自身的承载能力。为加强湿地保护和修复，2016 年 11 月，《国务院办公厅关于印发湿地保护修复制度方案的通知》（国办发〔2016〕89 号）提出了全面保护湿地、推进退化湿地修复的新要求。

　　加强湿地保护修复和可持续利用是摆在我们面前的历史任务。对于如何保护、修复湿地，合理利用湿地资源，需要科学指引，需要生态智慧，迫切需要湿地保护修复及可持续利用理论与实践应用方面的指导。针对湿地保护修复和可持续利用，长江上游湿地科学研究重庆市重点实验室和重庆大学湿地生态学博士点的专家团队组织编写了本套丛书。丛书的编著者近年来一直从事湿地保护、修复与可持续利用的研究与应用实践，开展了系列创新性的研究和实践工作，取得了卓越成就。本套丛书基于该团队近年来的研究与实践工作，从流域与区域相结合的层面，以三峡库区腹心区域的澎溪河流域为例，论述全域湿地保护与可持续利用；基于河流尺度，系统阐述具有季节性水位变化的澎溪河湿地自然保护区生物多样性；对受水位变化影响的工程型水库湿地——汉丰湖进行整体生态系统设计研究；从生物多样性形成和维持机制角度，阐述采煤塌陷区新生湿地生物多样性及其变化；在深入挖掘传统生态智慧的基础上，阐述湿地资源的可持续利用。

湿地是地球之肾，也是自然资产。对湿地认识的深入，有利于推动我们从单纯注重保护，走向保护−修复−利用有机结合。保护生命之源，为人类提供生命保障系统；修复自然之肾，为我们优化人居环境；利用自然资产，为人类社会的永久可持续做贡献。组织出版一套湿地领域的丛书是一项要求高、费力多的工程。希望本丛书的出版能够为全国湿地的保护、修复、利用和管理提供科学参考。

马广仁

2018 年 1 月

前　言

　　生物多样性（biodiversity）是指生物物种的多样化和变异性及物种生境的生态复杂性。生物多样性是生物经过数十亿年自然进化发展的结果，是人类社会赖以生存和发展的重要基础。湿地是地球表层的重要组成部分，是水陆相互作用形成的自然综合体，是自然界生物多样性最丰富的生态系统类型之一和人类最重要的生存环境之一，被誉为"生命的摇篮""物种的基因库"。三峡水库东、南与鄂西山地相接，西界四川盆中丘陵，北邻秦巴山地，地质、地貌、气候、水文、土壤等自然地理要素丰富多样，自然条件复杂，生物多样性丰富。三峡水库蓄水后，受冬季蓄水淹没及季节性水位变化的影响，生物多样性发生了较大变化。

　　三峡水库于2003年第一次蓄水到139m，于2006年蓄水到156m，2010年完成175m试验性蓄水。三峡水库建成后采取"蓄清排浊"的运行方式，即夏季低水位运行，水位消落到海拔145m；冬季高水位运行，水位蓄升到175m。由此，在海拔145～175m形成与天然河流涨落季节相反、涨落幅度高达30m的水库消落带。三峡水库在国际上备受关注，其生态环境问题最受瞩目，而消落带生态问题是重要的问题之一。在消落带生态保护方面，其生物多样性备受关注。蓄水及水位季节性变化对消落带生物多样性到底产生了什么样的影响？蓄水后，在季节性水位变化和冬季深水淹没的影响下，其生物多样性的变化规律及维持机制是什么？如何加强消落带生物多样性保护，以及实施基于生物多样性保护的消落带生态系统修复？为此，开展三峡水库消落带生物多样性研究及进行基于生物多样性保护的生态系统恢复已迫在眉睫。如何因势利导，化害为利？我们不仅要看到三峡水库蓄水形成的消落带可能产生的一些次生环境问题，更应该看到蓄水后消落带的形成给我们带来的生态机遇。因此，迫切需要系统、深入地研究消落带生物多样性现状、变化趋势，研究蓄水影响下消落带生物多样性特征和维持机制。这不仅对揭示大型蓄水水库生物多样性变化机理具有重要的理论和应用价值，而且对区域生物多样性保护和生态系统修复具有重要的现实意义。

2008年5月，重庆市人民政府批准建立重庆澎溪河湿地市级自然保护区，它是中国水库消落带湿地的代表性区域和长江上游湿地保护网络的重要组成部分。该保护区的建立对保护长江上游重要生态屏障、长江上游湿地生物多样性具有重要的战略意义。重庆澎溪河湿地市级自然保护区的建立，为研究在三峡水库蓄水影响下，季节性水位变化及冬季蓄水淹没对生物多样性的影响，提供了极好的机遇和研究基地。自2008年以来，本书作者所在的项目组一直持续进行着澎溪河湿地自然保护区生物多样性的长期生态学调查和研究。

本书是有关三峡库区澎溪河湿地自然保护区生物多样性研究的专著。全书共十二章。第一章介绍了自然保护区的自然环境概况和经济社会现状。第二章概述了自然保护区概况，包括保护区性质和保护对象、保护区功能区划和保护区保护管理进展及现状。第三至第九章分别是关于浮游生物多样性、高等维管植物多样性、底栖无脊椎动物多样性、鱼类多样性、两栖类和爬行类多样性、鸟类多样性、兽类多样性的调查研究成果。第十章探讨了澎溪河湿地自然保护区生物多样性空间格局及成因。第十一章进行了湿地生态系统评价。第十二章主要从湿地生态系统修复与可持续利用两个方面进行了阐述，给出了基于生物多样性保护的消落带湿地生态系统修复的创新性途径。

大型蓄水水库水位变化影响下的生物多样性及其变化研究是一个新的课题，国内外尚没有成熟的理论和方法体系可以借鉴。加之三峡水库消落带生态环境问题错综复杂，给这方面的研究带来了巨大的挑战。因此在本书中，我们力图反映澎溪河湿地自然保护区生物多样性研究的最新进展，尽量完整地阐明蓄水影响下生物多样性的特点。尽管还有许多问题需要进一步完善，但我们希望本书对三峡水库生物多样性保护能起到积极的作用。

本书得到了国家科技重大专项"汉丰湖流域生态防护带建设关键技术研究与示范"（2013ZX07104-004-05）的资助，是在大量实地调查研究的基础上编写而成的。全书由袁兴中设计整体框架和统稿，各项目组成员对本书的撰写提供了许多帮助和大力支持，各章执笔人分工如下：第一章总论由熊森编写，第二章自然保护区概况由熊森、黄亚洲编写，第三章浮游生物由袁兴中编写，第四章高等维管植物由熊森、袁兴中编写，第五章底栖无脊椎动物由袁兴中编写，第六章鱼类由袁兴中编写，第七章两栖类和爬行类由黄亚洲、熊森、袁兴中编写，第八章鸟类由黄亚洲、袁兴中、刁元彬编写，第九章兽类由熊森、袁兴中、黄亚洲编写，第十章生物多样性空间格局及成因分析由王芳编写，第十一章湿地生态系统评价由袁兴中、熊森编写，第十二章湿地生态系统修复与可持续利用由袁兴中、熊森编写。十多年来，本书作者袁兴中指导的博士后、博士研究生和硕士研究生为本书的研究与写作做出了贡献。其中，博士后张跃伟参与了浮游生物的调查研究，博士研究生孙荣、硕士研究生武帅楷参与了高等维管植物的调查研究，博士研究生王强参与了底栖无脊椎动物和鱼类的调查研究，博士研究生李波、王晓锋参与了湿地生态系统修复与可持续利用的调查研究。在此，对他们致以衷心的感谢。

袁兴中

2020 年 3 月 12 日

目　录

丛书序 ……………………………………………………………………… i

前言 ………………………………………………………………………… iii

第一章　总论 ……………………………………………………………… 1

　　第一节　自然环境概况 …………………………………………… 1

　　第二节　经济社会现状 …………………………………………… 7

第二章　自然保护区概况 ………………………………………………… 9

　　第一节　保护区性质和保护对象 ………………………………… 9

　　第二节　保护区功能区划 ………………………………………… 10

　　第三节　保护区保护管理进展及现状 …………………………… 13

第三章　浮游生物 ………………………………………………………… 17

　　第一节　调查方法 ………………………………………………… 17

　　第二节　浮游植物 ………………………………………………… 18

　　第三节　浮游动物 ………………………………………………… 26

第四章　高等维管植物 …………………………………………………… 33

　　第一节　调查方法 ………………………………………………… 33

　　第二节　种类组成及区系特征 …………………………………… 34

　　第三节　植被类型及特征 ………………………………………… 38

　　第四节　消落带植物群落及变化 ………………………………… 53

　　第五节　资源植物 ………………………………………………… 57

第五章 底栖无脊椎动物 ·· 59

　　第一节 调查方法 ··· 59

　　第二节 种类组成 ··· 60

　　第三节 生态类群 ··· 62

第六章 鱼类 ·· 64

　　第一节 调查方法 ··· 64

　　第二节 种类组成及生态类群 ··· 65

　　第三节 重点保护鱼类 ··· 72

　　第四节 鱼类重要生境及变化 ··· 73

第七章 两栖类和爬行类 ··· 75

　　第一节 调查方法 ··· 75

　　第二节 种类组成及区系特征 ··· 76

　　第三节 重点保护对象 ··· 79

第八章 鸟类 ·· 81

　　第一节 调查方法 ··· 81

　　第二节 种类组成及区系特征 ··· 82

　　第三节 生态类群 ··· 83

　　第四节 群落季节动态 ··· 84

　　第五节 重点保护鸟类 ··· 90

第九章 兽类 ·· 93

　　第一节 调查方法 ··· 93

　　第二节 种类组成及区系特征 ··· 93

　　第三节 生态类群 ··· 96

第十章 生物多样性空间格局及成因分析 ··· 98

　　第一节 研究方法 ··· 99

第二节　植物多样性空间格局分析 ··· 103

第三节　动物多样性空间格局分析 ··· 106

第四节　重点保护动植物空间格局分析 ·· 109

第五节　生物多样性空间格局成因机制分析 ····································· 114

第十一章　湿地生态系统评价 ··· 119

第一节　湿地资源现状 ··· 119

第二节　消落带湿地成因 ··· 119

第三节　消落带湿地生态功能 ··· 121

第四节　湿地生态系统综合评价 ··· 123

第十二章　湿地生态系统修复与可持续利用 ······································· 128

第一节　融汇农业文化遗产的消落带基塘工程 ··································· 129

第二节　适应动态水位变化的消落带林泽工程 ··································· 134

第三节　遵循自然法则的消落带鸟类生境工程 ··································· 138

第四节　消落带多功能生态浮床工程 ··· 141

第五节　湿地资源可持续利用——消落带湿地农业模式 ················· 143

主要参考文献 ··· 149

附录 1　澎溪河湿地自然保护区维管植物名录 ····································· 157

附录 2　澎溪河湿地自然保护区鸟类名录 ··· 190

附录 3　《水库消落带湿地农业技术规程》（摘录） ····························· 198

第一章　总　　论

三峡水库建成后采取"蓄清排浊"的运行方式，即夏季低水位运行，水位消落到海拔 145m；冬季高水位运行，水位蓄升到 175m；由此，在海拔 145～175m 形成涨落幅度高达 30m 的水库消落带（刁承泰和黄京鸿，1999）。三峡水库在国际上备受关注，其生态环境问题最受瞩目，而消落带生态环境是最重要的问题之一。根据国务院三峡工程建设委员会办公室课题及重庆市发展和改革委员会重大科技课题"三峡水库重庆消落区生态环境问题及对策研究"数据，重庆开州区澎溪河消落带面积占三峡水库消落带总面积的 13.97%，在三峡库区所有区县中占比最大。《全国湿地保护工程实施规划（2005—2010 年）》提出，建设重庆澎溪河湿地市级自然保护区（项目编号为 155，项目名称为重庆澎溪河湿地自然保护区建设）。重庆澎溪河湿地市级自然保护区于 2008 年 5 月建立，该保护区是集科学研究、宣传教育、生态旅游于一体的综合性湿地生态系统类型自然保护区，保护水生和陆生生物及其生境共同组成的湿地生态系统。

第一节　自然环境概况

一、地理位置与范围

重庆澎溪河湿地市级自然保护区位于重庆市东北部开州区境内（黎璇等，2009），地处三峡水库腹心区域，长江重庆段的支流澎溪河回水末端（图 1-1）。开州历史悠久，古属梁州之域，秦、汉属巴郡朐忍县地。东汉建安二十一年（216年）蜀先主划胸忍西部地置汉丰县，以汉土丰盛为名。南北朝刘宋（420～479年）又于汉丰境内增置巴渠、新浦共三县皆属巴东郡。西魏改汉丰为永宁'。北周天和四年（569年）移开州于永宁'，辖永宁、万世（巴渠改名）、新浦、西流（新置）四县。隋开皇十八年（598年）改永宁为盛山县，改开州为万州。广德元年（763年）改盛山县（贞观初西流县并入）为开江县，开州辖开江、新浦、万岁（万世改名）三县。宋庆历四年（1044年）省新浦入开江，万岁改名清水，时开州辖二县。元（1271～1368年）省县入州。明洪武六年（1373年）降州为县，开州之名自此始。因南河古名开江，州、县由此得名。

图 1-1 澎溪河湿地自然保护区地理位置图

根据2017年《重庆澎溪河湿地市级自然保护区科考报告》，澎溪河湿地自然保护区地处开州区渠口镇、厚坝镇和金峰镇，总面积4107hm²，地理位置为东经108°27′29.791″至 108°35′4.14″，北纬31°5′32.135″至 31°12′31.122″。保护区最北点为石龙村陈家院子，最南点至澎溪河开州区与云阳县交界处断面（曹家院子与对岸云阳县一线），最西点为王家屋，最东点是清澄村大石梁。由三峡水库蓄水后的澎溪河水域、消落带、河岸高地等组成。周边以澎溪河河道两岸第一层山脊为界，其中永久性水域面积为382hm²，消落带湿地面积为1920hm²。

二、地质

澎溪河湿地自然保护区位于川东褶皱带东北末端，由西南—东北走向的陡背斜和二条宽缓向斜构成，背斜发育成条形中低山脉，向斜轴部倒置发育为坪状低山和丘陵，其地貌属盆东平行岭谷中低山丘陵区。背斜山轴部出露三叠系嘉陵江组、雷口坡组碳酸盐岩层，山体两翼由三叠系须家河组长石石英砂岩造煤系地层及下侏罗统砂泥岩构成，向斜轴部坪状低山由侏罗系遂宁组、蓬莱镇组紫色砂泥岩构成。侏罗系沙溪庙组紫色砂泥岩构成单斜丘陵，紧靠背斜山麓分布。

三、地貌

重庆市开州区属浅丘河谷区，为丘陵低山地貌，由于受地质构造和岩性的控制，呈狭长条形山脉与丘陵相间的"平行岭谷"地貌景观。地貌形态有浅切条状低山、中切梳状中山，形成"四山三丘三分坝"的地貌特征。澎溪河所在区域属丘陵河谷地貌区，保护区内澎溪河近西北—东南走向，漫滩及岸坡呈带状沿江岸发育。河床两侧为宽缓的河谷，河漫滩发育，局部基岩出露，地形起伏小，河谷高程一般为161.30～162.36m，宽度为30～300m，河岸高程一般为163.99～185.28m，基岩岸坡形成陡坡（图1-2），河岸横向沟谷发育。

四、气候

根据2017年《重庆澎溪河湿地市级自然保护区科考报告》，保护区所在

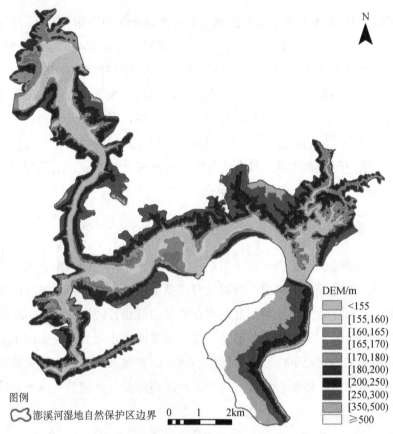

图1-2　澎溪河湿地自然保护区高程分布图

数字高程模型（DEM）

的开州区属亚热带湿润季风气候，多年平均气温为18.5℃；多年平均最高气温为23.1℃，其变幅为1.4℃；多年平均最低气温为14.9℃，其变幅为1.2℃；月平均最低气温出现在1月，其值是7℃；月平均最高气温出现在7月，其值是29.4℃；10℃及以上积温长达277天，无霜期为306天。保护区多年平均降水量为1385mm。由于地势低洼，保护区不易散热，盛夏酷热。

五、水文

开州区境内有南河（江里河）、东河（东里河）、普里河三条主要河流（表1-1），均属长江支流澎溪河水系。南河和东河在开州城区老关咀处汇合，老关咀以下称澎溪河（图1-3）。澎溪河与普里河在渠口汇合。澎溪河在云阳县注入长江。保护区所在的河流为澎溪河干流，主要支流有普里河、白夹溪。普里河在右岸注入澎溪河，白夹溪则在左岸汇入澎溪河。澎溪河全长52.55km，多年平均流量为102.81m³/s。

表1-1　开州区澎溪河流域河流基本情况

河流	全长/km	流域面积/km²	多年平均流量/（m³/s）
南河	91.00	1790.50	34.21
东河	106.40	1469.20	43.31
普里河	121.40	1150.80	21.15
澎溪河	52.55	4533.00	102.81

资料来源：《重庆澎溪河湿地市级自然保护区科考报告》（2017年）。

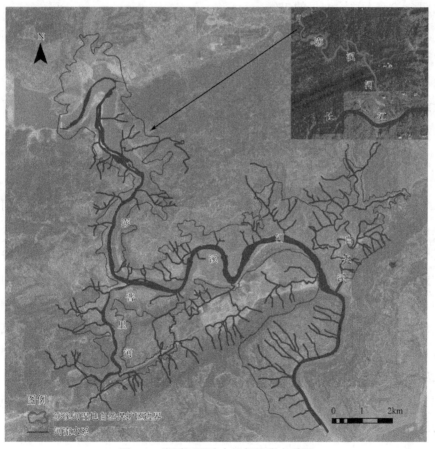

图1-3　澎溪河湿地自然保护区水系图

澎溪河流域的洪水由暴雨形成，洪水的季节性变化与暴雨一致。据2017年《重庆澎溪河湿地市级自然保护区科考报告》统计，年最大洪峰一般出现在5～9月，10月偶有发生，但量级较小。其中以5月、7月、9月三个月出现的次数最多，6月、8月次之。由于澎溪河属山溪性河流，汇流速度快，河槽调蓄能力小，洪水涨落急骤，洪水过程线形状多变，复峰和连续峰均有出现，主峰既有尖瘦的高峰，又有洪峰不高而洪量较大的胖峰，当各支流洪水交汇，就会形成澎溪河特大洪水。东河水质清澈，在枯季一般无泥沙，南河泥沙含量相对较大，且以悬移质居多，两河交汇后，清浊逐渐混合。根据2017年《重庆澎溪河湿地市级自然保护区科考报告》，澎溪河年内输沙量随年内径流量的变化而变化，汛期5～10月的6个月输沙量占总输沙量的96%，主汛期6～9月占总输沙量的75%。

三峡水库蓄水后，由于汛期防洪需要，汛期水库维持防洪限制水位145m运行，汛后10月份，水库蓄水，水位逐步升高至175m运行。在枯水期，三峡水库将发电和航运统筹兼顾。在满足电力系统要求的条件下，三峡水库尽量维持在高水位运行，随入库径流减小，三峡水库水位逐步下降，5月末降至枯水期最低水位145m（王强等，2009b）。

六、土壤

开州区土壤类型众多，理化性质差异显著。根据2017年《重庆澎溪河湿地市级自然保护区科考报告》，开州区土壤主要有水稻土、紫色土、黄壤土、黄棕壤、山地棕壤、石灰岩土、亚高山草甸土等7个土类，10个亚类，20个土属，68个土种。林地以石灰岩土、黄棕壤和山地棕壤为主，占林地总面积的56.41%；农耕地则以紫色土为主，占耕地总面积的72.92%。开州区土壤有机质的含量与全国养分分级标准相比较，属于中等或中下等水平。加上气候因素、母质因素、地形因素的影响，表现出沙质土比重较大、碳酸盐土类分布广的特点。全区土壤含钾量较为丰富。澎溪河湿地自然保护区有水稻土、冲积土、紫色土、黄壤、黄棕壤和石灰岩土等6个土类，其中以冲积土、紫色土为主。

第二节 经济社会现状

一、行政区域

根据《开州统计年鉴2019》,澎溪河湿地自然保护区在行政区划上涉及开州区厚坝镇3个村(大坝村、红宝村、石龙村),渠口镇8个村(社区)(毛坪村、渠口社区、铺溪村、饮云村、向阳村、双丰村、剑阁楼村、兴华村)和金峰镇的2个村(富民村、青橙村),总面积为41.07km²。渠口镇位于开州区东部,东邻云阳县,辖区面积为68km²,辖9个村、76个社区。厚坝镇位于开州区东部、澎溪河左岸,辖区面积为49km²,地处三峡水库澎溪河回流处,全镇辖7个村、81个社区。金峰镇地处开州区东部,澎溪河左岸,距城区16km,与云阳县接壤,素有开州区"东大门"之称,辖区面积为57km²,辖7个村、64个社区。

二、人口

根据《开州统计年鉴 2019》,2019年,澎溪河湿地自然保护区在籍人口27 091人。涉及区域内有厚坝镇人口4259人、金峰镇人口1138人,其中保护区面积有超过74%的范围在渠口镇境内,人口众多,共有20 996人。

三、经济状况

澎溪河湿地自然保护区内的主要产业为农业,辅以部分养殖业,居民收入来源主要为外出务工、种植及养殖等。农业类型主要是农户分散经营,以种植水稻、马铃薯、玉米、红薯等农作物为主,其他经济类植物有油菜、柑橘等,养殖业以喂养猪、牛、羊为主。

根据《开州统计年鉴2019》,厚坝镇涉及保护区范围的有大坝村、红宝村、石龙村3个村,这3个村的总耕地面积为13.53hm²,全部为集体所有。因为厚坝镇地势平坦,镇政府大力扶持农家乐、采摘果园、垂钓鱼庄等农业产业,所以这3个村的土地经营内容多为草莓等特色农业种植,兼有一些鲜花苗圃基地,另外还有少量水稻、蔬菜、玉米等作物;这3个村共有林地213.10hm²、国家公益林164.94hm^2、商品林48.16hm^2，商品林多为葡萄、李子、梨等水果经济林；共有水域面积323.26hm^2，其中，国有水域面积达322.44hm^2，为保护区河道水域，集体水域面积为0.82hm^2；主要从事特色农业经济、常规农业生产、牲畜养殖等。由于三峡蓄水此3个村淹水区域较大，耕地相对较少，有很大一部分农民外出打工，其主要经济来源为外出打工、特色农业、养殖等。金峰镇涉及保护区范围的有富民村和青橙村2个村，这2个村的总耕地面积约为10.19hm^2，全部为集体所有，主要种植水稻、玉米等经济作物，另有少量牛膝、葛根等中药材种植；林地总面积为274.47hm^2，全部为集体所有，其中国家公益林为101.25hm^2，地方公益林为162.98hm^2，商品林为10.24hm^2，金峰镇盛产柑橘，商品林主要种植柑橘，还种植了少量的油桃、李子、梨等水果；水域面积达27.04hm^2，全部为保护区的一个支流——白夹溪水域，主要经济来源为外出打工、柑橘种植、农业种植等。渠口镇涉及保护区范围的有剑阁楼村、钦云村、渠口社区等8个村、社区，这8个村、社区的总耕地面积为508.93hm^2，主要种植水稻、玉米等作物；林地总面积为1002.55hm^2，其中，国有林地为7.61hm^2，集体林地为994.94hm^2，按经营类别分，国家公益林为688.35hm^2，商品林为314.20hm^2；渠口镇被保护区主河道穿过，有水域面积1104.39hm^2，其主要经济来源为外出打工、农业种殖、养殖等。

四、土地现状

根据2017年《重庆澎溪河湿地市级自然保护区科考报告》，澎溪河湿地自然保护区内共有林地、农耕地、水域总面积为3560.17hm^2，其中国有权属面积为1541.55hm^2，集体权属面积为2018.62hm^2；保护区共有林地1422.86hm^2，按照区域分布，分别为核心区73.23hm^2、缓冲区61.15hm^2、实验区1288.48hm^2，按照林地权属分，分别为国有林地7.61hm^2、集体林地1415.25hm^2，按经营类别分，分别为国家公益林1002.43hm^2、地方公益林24.11hm^2、商品林396.32hm^2。保护区共有耕地571.94hm^2，全部为集体权属。保护区共有水域面积1565.37hm^2。澎溪河湿地自然保护区管辖的范围内，175m水位线以下土地属于中国长江三峡集团有限公司，175m线以上土地为当地村集体所有。

第二章　自然保护区概况

2008 年 5 月，重庆市人民政府批准建立重庆澎溪河湿地市级自然保护区。2010 年 10 月，三峡水库完成 175m 试验性蓄水。高水位蓄水后，湿地生境发生了很大变化，2008 年划定的保护区功能分区已难以适应高水位蓄水变化后的情况。2012 年，启动了"重庆澎溪河湿地市级自然保护区范围调整"工作。2015 年 2 月，重庆市人民政府下发了《重庆市人民政府关于重庆澎溪河湿地市级自然保护区范围及功能区调整的批复》（渝府〔2015〕10 号）。调整后的澎溪河湿地市级自然保护区总面积为 4107hm²。

第一节　保护区性质和保护对象

一、保护区性质

重庆澎溪河湿地市级自然保护区是以湿地生态系统及其生物多样性为主要保护对象，集科学研究、宣传教育、生态旅游于一体的综合性湿地生态系统类型自然保护区。

澎溪河湿地自然保护区是中国水库消落带湿地的代表性区域和长江上游地区湿地的重要组成部分，是三峡水库生态安全和南水北调水资源战略安全的重要保障，其建设能够弥补国内外水库消落带湿地保护区的空白，提供大型蓄水水库消落带湿地科学研究、科普教育和实习的基地，为三峡水库消落带湿地的生态恢复和重建提供示范。

二、保护区类型

澎溪河湿地自然保护区境内湿地生态环境保存完好，湿地生物资源丰富，为迁徙水禽提供了重要的越冬地和歇息地，并具有良好的自然属性，根据《自然保护区类型与级别划分原则》（GB/T 14529—1993），该自然保护区属于"自然生态系统类别"中的"内陆湿地和水域生态系统类型"。

三、主要保护对象

澎溪河湿地自然保护区是保护水生和陆生生物及其生境共同组成的湿地生态系统，以未受污染的淡水环境、湿地生态系统及其物种多样性，特别是珍稀濒危的特有水禽、鱼类和湿地植物为保护对象。

第二节　保护区功能区划

根据《中华人民共和国自然保护区条例》等有关规定，结合澎溪河湿地自然保护区建设的性质、保护对象，以及保护区内自然环境、自然资源分布状况、重要程度，在坚持以保护自然环境和自然资源、积极开展科学研究、普及科学知识、适当开展经营利用和生态旅游的前提下，通过实地考察分析论证，按照保护功能的要求，对澎溪河湿地自然保护区进行了功能区划分。按照保护区地形地貌、水文、自然资源与环境状况、保护对象的空间分布、人为活动的影响程度，同时兼顾社区群众生产生活的需要，将保护区划分为核心区、缓冲区和实验区（周世强，1997；呼延佼奇等，2014）。各功能分区力求规整，且有整体性和连续性。根据《重庆市人民政府关于重庆澎溪河湿地市级自然保护区范围及功能区调整的批复》（渝府〔2015〕10号），澎溪河湿地自然保护区总面积为4107hm²，其中核心区面积为1224hm²，占29.80%；缓冲区面积为803hm²，占19.55%；实验区面积为2080hm²，占50.65%（图2-1，表2-1）。

图例
⊂⊃ 澎溪河湿地自然保护区边界
■ 核心区 ▨ 缓冲区 ■ 实验区

0 1 2km

图2-1 澎溪河湿地自然保护区水功能分区

表2-1 澎溪河湿地自然保护区各功能区面积及占比

功能区	面积/hm²	占比/%
核心区	1224	29.80
缓冲区	803	19.55
实验区	2080	50.65
总计	4107	100.0

一、核心区

根据2015年《重庆澎溪河湿地市级自然保护区范围及功能区调整报告》，核心区地理位置为东经108°28′15.789″至108°34′34.109″、北纬31°5′37.948″至31°11′47.634″。核心区的主要任务是，保护从陆地生态系统向湿地生态系统演变的原生演替基地，保护消落带湿地野生动植物、珍稀物种及其生境不受人为干扰，使其能够自然生长和发展下去，以保育生物多样性。对该区的基本措施是严禁任何破坏性的人为活动，并在不破坏湿地生态系统的前提下，进行科学观察和监测。

根据上述原则，将人为干扰较小、消落带湿地典型、湿地野生动植物尤其是水禽集中分布的180m高程以下的中部区域划分为核心区。核心区范围为：东部为澎溪河开州区与云阳县交界处出境断面（曹家院子与对岸云阳县一线，东经108°33′6.799″，北纬31°5′42.73″），从该处向西经赵家院子、小浪坝、大浪坝、糖房院子、渠口坝，由此向北到窄口坝，面积共1224hm²。

核心区内水生植物丰富，生境复杂多样，越冬水禽众多，是开州区澎溪河消落带湿地生态系统的主要区域。赵家院子以西的库湾、湖汊、岛屿，以及白夹溪河口段植物资源丰富，是越冬水禽的重要聚居地；小浪坝、大浪坝、糖房院子河漫滩面积较大，没有居民居住，人类干扰极小，是研究消落带湿地原生演替的最好环境。核心区采取全封闭管理模式。

二、缓冲区

根据2015年《重庆澎溪河湿地市级自然保护区范围及功能区调整报告》，缓冲区地理位置为东经108°28′7.737″至108°32′57.605″、北纬31°5′37.375″至31°7′41.152″。缓冲区位于核心区周围，该区由一部分原生性生态系统和部分人工生态系统组成。缓冲区的功能是，第一，防止和减少人类、灾害因子等外界干扰因素对核心区造成破坏；第二，在防止湿地生态系统破坏的前提下，可进行实验性科学研究工作；第三，通过湿地植被恢复，使湿地动植物的生境不断得到改善。

在核心区外围划出一定的范围作为缓冲地带，以最大限度地减少人为活动对核心区造成的直接影响。缓冲区虽在一定意义上是核心区和实验区之间的过渡带，但其植被类型、野生生物种类相当丰富，也是被保护的重点区域。其包括西部葫芦坝区域，普里河支流永久性水面至高程200m区域，中部高程180～200m的区域，东部白夹溪河口岛屿链周边区域，东部澎溪河峡谷段250～300m高程的区域，总面积为803hm²。

该区采取自然封闭式（或半封闭式）管理，标桩立界，立警示牌。缓冲区内只允许从事科学研究和考察，禁止其他一切生产性经营活动。

三、实验区

根据2015年《重庆澎溪河湿地市级自然保护区范围及功能区调整报告》，实验区地理位置为东经108°27′58.156″至108°34′57.868″、北纬31°5′35.866″至31°12′30.198″。实验区是保护区内除核心区和缓冲区以外的地带，位于缓冲区和保护区边界之间。实验区包括保护区中部200m以上至河流直观可视范围的第一层山脊线（避开了居民密集区域）、西部从葫芦坝至水位调节坝、东部澎溪河峡谷段300m高程至最高海拔处（高程约500m）所包括的区域，总面积为2080hm^2。

该区的功能是，在保护区的统一管理下，建立高效稳定的湿地生态系统，保留特色自然景观，繁育珍稀湿地动植物资源，开展生态旅游、资源合理利用和教学实习活动。

第三节　保护区保护管理进展及现状

一、保护管理工作进展

澎溪河湿地自然保护区成立后，在国家配套资金的支持下，积极完善保护区基础设施的建设。2019年，保护区建设完成了管理局办公及宣教用房，配置了较完备的办公设备、巡逻设备、观鸟设备，包括管护车辆与办公车辆、巡护船；建设完成白夹溪管护站、王家湾管护站、白夹溪鸟类观测站。

开州区人民政府建立了重庆市开州区澎溪河湿地自然保护区管理局，下设办公室、保护科、科研宣教科、两个管护站。重庆市开州区澎溪河湿地自然保护区管理局的主要职责是：贯彻执行国家有关自然保护区的法律、法规；制定保护区的各项管理制度，统一管理自然保护区；调查和保护自然保护区的资源并建立档案；组织和协助有关部门开展自然保护区的科学研究工作；进行自然保护的宣传教育；在不影响保护区的自然环境和自然资源的前提下，组织开展参观、生态旅游等活动。自然保护区成立后，根据国家和重庆市关于自然保护区的管理规定，结合具体实际情况，切实加强了自然保护区的保护和管理。

（一）建立保护管理体系，强化内部管理

自澎溪河湿地自然保护区建立以来，保护区管理局不断加强基础设施建设，完善有关自然保护管理的各项规章制度，落实保护责任制，建立了完备的保护管理体系。为了规范管理行为、明确工作职责，重庆市开州区澎溪河湿地自然保护区管理局结合保护区的实际情况，制定了管理实施办法、生物多样性巡查制度、科普宣教制度、财务管理制度等一系列管理制度，在落实内部管理制度的基础上，明确了人员分工，落实了工作责任，促进了保护区健康、稳定、有序发展。

（二）加大保护区执法检查和巡护管理力度

重庆市开州区澎溪河湿地自然保护区管理局根据保护区实际情况，加大了保护区执法检查和巡护管理力度。制订了定期或不定期巡护计划，切实开展湿地保护巡护工作，按照预定的时间、地点、路线进行巡护，做好巡护记录，及时制止和查处巡护中发现的破坏湿地资源的行为。开展了全面细致的执法检查和清理工作，在一定程度上遏制了保护区内的违法行为，维护了保护区的秩序，有效保护了保护区内的湿地动植物资源和湿地生态环境。建立了澎溪河湿地自然保护区科研监测制度，根据水位变化对湿地植被、土壤、水鸟等进行监测，为湿地资源的管理提供了有效依据。

（三）全面推进湿地保护修复重点项目

按照澎溪河湿地自然保护区湿地保护与恢复建设项目实施方案的要求，保护区管理局严格执行基本建设程序，按照相关规定严格执行项目法人责任制、招投标制、施工合同制和质量监理制，强化检查验收程序，推行专业化施工、规范化管理，按时、按质、按量地完成了一系列湿地保护修复项目。

湿地保护工程：完成了白夹溪管护站和白夹溪鸟类观测站的建设；完成了界碑、界桩、标志牌等保护基础设施的建设。

湿地恢复工程：全面完成了封禁封育，创新性地实施了消落带林泽工程、基塘工程、水鸟栖息地改善工程和多功能浮床工程。

能力建设工程：澎溪河湿地自然保护区位于开州城区东部，距城区近，周边人口密度大，人为干扰大，湿地保护涉及多行业、多部门，管理难度较大。积极开展了管护站、管护点建设，立标定界，配备专门的保护设施设备。根据 2016 年《澎溪河湿地自然保护区湿地保护与恢复建设项目验收报告》，十年来，建设管护站 2 处、鸟类观测站 2 处。建设了管理局业务办公用房，购置了科研监测设备，配套建设了系列永久性宣传牌、信息栏和多媒体展板。根据自然地理条件、交通条件、澎溪河湿地资源分布情况和周边社区群众经营活动情况，建设了白夹溪和王家湾两个管护站，充分发挥了管护、协调作用，为保护区管理人员和国内外科研工作人员提供了在保护管理和科研监测方面的极大方便。在保护区内建设了永久性样带、样地，通过永久定点野外固定实验样带的设置，对三峡水库消落带湿地生态系统进行长期观测，积累消落带湿地生态系统结构、功能长期演变的基础数据，为三峡水库消落带湿地资料的科学管理、保护、恢复和合理利用提供科技支撑。根据该报告，完成了固定样带、固定样点建设共 13 个。沿各样带，从河岸边至海拔180m，用深埋水泥桩（尺寸为 20cm×20cm×150cm，埋深 1m，出露 0.5m）进行海拔标记（间隔 1m 海拔），以确定样地的海拔与具体位置。

（四）积极开展湿地科普宣教工作

重庆市开州区澎溪河湿地自然保护区管理局广泛开展湿地宣传教育，以提高全社会对保护湿地野生动植物、湿地生态环境的认识，营造良好的社会氛围。落实了湿地宣教场所，定期向各上级部门汇报保护区工作情况；印发湿地保护宣传手册，分别在保护区的乡镇、村社、学校进行宣传，加大了宣传力度；积极宣传国家有关自然保护区政策、法律和法规，还利用电视、报刊等传媒手段开展宣传教育，极大地提高了澎溪河湿地保护区的知名度。建立了澎溪河湿地自然保护区网络站点和网络宣传主页，让更多的人了解湿地、认识湿地、保护湿地。

（五）积极开展科学研究与对外合作

重庆市开州区澎溪河湿地自然保护区管理局充分发挥澎溪河湿地自然保护区独创性与示范性的优势，积极与国际国内的相关机构和组织开展多方面的交流与合作，与重庆大学、重庆师范大学、重庆市林业科学研究院等国内高校及研究院所和美国俄亥俄州立大学、德国亚琛工业大学等合作，对三峡水库消落带开展了广泛的科学研究，通过科学实验，在消落带湿地生态系统修复和生态友好型利用方面取得了较好的效果，在治理三峡水库消落带方面具有创新性和示范引领作用。

二、保护管理工作取得的成就

在坚持全面保护、分级管理原则的指导下，通过加强湿地保护管理和实施一系列湿地保护修复项目，澎溪河湿地自然保护区的湿地资源及生物多样性保护取得了明显成效。

（一）湿地资源及生物多样性得到了有效保护

通过能力建设、保护基础设施建设、保护工程实施及加强监管，有效地保护了澎溪河湿地资源及生物多样性。每年的科研监测和调查表明，保护区湿地植物及水鸟的种类数在逐年增加。根据2018年《开州区鸟类资源多样性调查报告》，截至2018年，湿地植物比建立之初增加了30余种，鸟类增加了20余种，尤其是水鸟种类数增加较多。在保护区内发现了赤颈鸫（*Turdus ruficollis*）、铁嘴沙鸻（*Charadrius leschenaultii*）等7个重庆市新记录种。尤为可喜的是，在保护区内发现了白腹隼雕（*Aquila fasciata*）、普通鵟（*Buteo buteo*）等猛禽的营巢地，表明保护区内食物网结构的优化。所有证据表明，自澎溪河湿地自然保护区建立以来，湿地生物多样性越来越丰富，确保了澎溪河湿地自然保护区在长江上游湿地保护网络中的自然性、代表性、典型性、多样性和稀有性。

（二）优化了湿地生态系统结构和功能，生态环境效益明显

通过能力建设、保护基础设施建设、保护工程实施及加强监管，大大优化了保护区湿地生态系统的结构和功能，显著提高了消落带湿地生态系统的质量，维持了消落带新生湿地生态系统健康和稳定性，使保护区更好地发挥了调蓄洪水、净化水质、控制污染、保持土壤、生物多样性保育等生态系统服务功能。

第三章 浮游生物

浮游生物泛指生活于水域中缺乏移动能力的漂浮生物，依靠浮在水面生活，包括浮游植物及浮游动物。浮游生物是湿地生态系统中主要的初级生产者和次级生产者，在食物链中起着至关重要的作用。浮游生物作为湿地生态系统中的重要组成部分，对能量流动和物质循环以及维持湿地生态系统稳定具有重要作用（李秋华和韩博平，2007）。浮游生物对水体环境中各种因素的变化相当敏感，环境的改变会影响其种类及数量的变化，从而对湿地环境变化起到指示作用（Chapman et al，1997）。研究作为水质评价重要指标的浮游生物，以及澎溪河湿地自然保护区的浮游生物多样性对了解三峡水库蓄水后季节性水位变化影响下浮游生物种类组成变化、群落演变规律具有重要意义，从而有助于了解澎溪河的水质变化和水环境。

第一节 调查方法

在澎溪河湿地自然保护区上游水位调节坝下、渠口断面水域、白夹溪河口分别设置 3 个浮游生物采样点。用 25 号浮游生物网对 3 个采样点进行采集。浮游生物分别取定性、定量样品，浮游动物还需取活体样。视调查区水域具体深度分层取水，浮游植物定量取混合样 1000mL，浮游动物定量取混合样 10 000mL，定性样品用 25 号浮游生物网在各采样点的水面和水深 0.5m 处以 20～30cm/s 的速度作∞形往复缓慢拖动，拖网时间为 5min。先采集定量样品，再取定性样品，取样后立即固定。浮游植物用碘液固定，浮游动物用甲醛溶液固定，然后带回实验室鉴定。对浮游植物的鉴定参照胡鸿钧和魏印心编著的《中国淡水藻类——系统、分类及生态》（胡鸿钧和魏印心，2006），对浮游动物的鉴定参照沈嘉瑞等主编的《中国动物志·无脊椎动物·第二卷·甲壳纲·淡水桡足类》（中国科学院动物研究所甲壳动物研究组，1979）及蒋燮治和堵南山编著的《中国动物志·节肢动物门·甲壳纲·淡水枝角类》（蒋燮治和堵南山，1979）。浮游植物数量计数和生物量计算参照章宗涉、黄祥飞主编的《淡水浮游生物研究方法》（章宗涉和黄祥飞，1991）。

第二节　浮游植物

一、种类组成

澎溪河湿地自然保护区有浮游植物38科74属182种（含变种）（表3-1）。其中蓝藻门6科17属32种，占总种数的17.58%；隐藻门1科1属2种，占总种数的1.10%；甲藻门2科2属3种，占总种数的1.65%；金藻门2科2属3种，占总种数的1.65%；黄藻门1科1属2种，占总种数的1.10%；硅藻门10科20属69种，占总种数的37.91%；裸藻门1科3属7种，占总种数的3.85%；绿藻门14科27属63种，占总种数的34.62%；轮藻门1科1属1种，占总种数的0.55%（表3-2）。

表3-1　澎溪河湿地自然保护区浮游植物种类名录

门	科	属	种
蓝藻门（Cyanophyta）	色球藻科（Chroococcaceae）	微囊藻属（Microcystis）	苍白微囊藻（Microcystis pallida）
		色球藻属（Chroococcus）	小形色球藻（Chroococcus minor）
			湖沼色球藻（Chroococcus limneticus）
			光辉色球藻（Chroococcus splendidus）
		平裂藻属（Merismopedia）	优美平裂藻（Merismopedia elegans）
			细小平裂藻（Merismopedia tenuissima）

续表

门	科	属	种
蓝藻门（Cyanophyta）	色球藻科（Chroococcaceae）	蓝纤维藻属（Dactylococcopsis）	针晶蓝纤维藻（Dactylococcopsis rhaphidioides）
	管孢藻科（Chamaesiphonaceae）	管孢藻属（Chamaesiphon）	硬壳管孢藻（Chamaesiphon incrustans）
	胶须藻科（Rivulariaceae）	胶须藻属（Rivularia）	坚硬胶须藻（Rivularia dura）
		双尖藻属（Hammatoidea）	中华双尖藻（Hammatoidea sinensis）
	伪枝藻科（Scytonemataceae）	单歧藻属（Tolypothrix）	亚马单歧藻（Tolypothrix byssoidea）
		伪枝藻属（Scytonema）	霍氏伪枝藻（Scytonema hofmanni）
			卷曲伪枝藻（Scytonema cripum）
	念珠藻科（Nostocaceae）	束丝藻属（Aphanizomenon）	水华束丝藻（Aphanizomenon flosaquae）
		念珠藻属（Nostoc）	点形念珠藻（Nostoc punctiforme）
			普通念珠藻（Nostoc commune）
		鱼腥藻属（Anabaena）	固氮鱼腥藻（Anabaena azotica）
			螺旋鱼腥藻（Anabaena spiroides）
	颤藻科（Oscillatoriaceae）	螺旋藻属（Spirulina）	大螺旋藻（Spirulina major）
			方胞螺旋藻（Spirulina jenneri）
		鞘丝藻属（Lyngbya）	螺旋鞘丝藻（Lyngbya contorta）
			湖沼鞘丝藻（Lyngbya limnetica）
		席藻属（Phormidium）	小席藻（Phormidium tenue）
			纸形席藻（Phormidium papyraceum）
			窝形席藻（Phormidium foveolarun）
			蜂巢席藻（Phormidium favosum）
			皮状席藻（Phormidium corium）
		颤藻属（Oscillatoria）	巨颤藻（Oscillatoria princeps）
			湖生颤藻（Oscillatoria lacustris）
			小颤藻（Oscillatoria tenuis）
			锐尖颤藻（Oscillatoria acuta）
		微鞘藻属（Microcoleus）	具鞘微鞘藻（Microcoleus vaginatus）
隐藻门（Cryptophyta）	隐藻科（Cryptohyceae）	隐藻属（Cryptomonas）	啮蚀隐藻（Cryptomonas erosa）
			卵形隐藻（Cryptomonas ovata）

续表

门	科	属	种
甲藻门 （Pyrrophyta）	多甲藻科 （Peridiniaceae）	多甲藻属 （Peridinium）	二角多甲藻（Peridinium bipes）
			腰带多甲藻（Peridinium cinctum）
	角甲藻科 （Ceratiaceae）	角甲藻属 （Ceratium）	飞燕角甲藻（Ceratium hirundinella）
金藻门 （Chrysophyta）	黄群藻科 （Synuraceae）	黄群藻属（Synura）	合尾藻（Synura urella）
	棕鞭藻科 （Ochromonadaceae）	锥囊藻属 （Dinobryon）	密集锥囊藻（Dinobryon sertularia）
			圆锥状锥囊藻（Dinobryon bavcrium）
黄藻门 （Xanthophyta）	黄丝藻科 （Tribonemataceae）	黄丝藻属 （Tribonema）	小型黄丝藻（Tribonema minus）
			丝状黄丝藻（Tribonema bombycium）
硅藻门 （Bacillariophyta）	圆筛藻科 （Coscinodiscaceae）	圆筛藻属 （Coscinodiscus）	湖沼圆筛藻（Coscinodiscus lacustris）
		小环藻属 （Cyclotella）	具星小环藻（Cyclotella stelligera）
			梅尼小环藻（Cyclotella meneghiniana）
		直链藻属 （Melosira）	变异直链藻（Melosira varians）
			岛直链藻（Melosira islandica）
			颗粒直链藻（Melosira granulata）
			颗粒直链藻最窄变种（Melosira granulata var. angustissima）
	角盘藻科 （Eupodiscaceae）	幅环藻属 （Actinocyclus）	艾氏幅环藻厚缘变种（Actinocyclus ehrenbergii var. crassa）
	脆杆藻科 （Fragilariaceae）	等片藻属 （Diatoma）	普通等片藻（Diatoma vulgare）
			冬季等片藻（Diatoma hemae）
			长等片藻（Diatoma elongatum）
		脆杆藻属 （Fragilaria）	钝脆杆藻（Fragilaria capucina）
			缢缩脆杆藻（Fragilaria construens）
			短小脆杆藻（Fragilaria brevistriata）
		平板藻属 （Tabellaria）	绒毛平板藻（Tabellaria flocculosa）
			窗格平板藻（Tabellaria fenestrata）
		针杆藻属 （Synedra）	尖针杆藻（Synedra acus）
			双头针杆藻（Synedra amphicephala）
			放射针杆藻（Synedra berolinensis）

续表

门	科	属	种
硅藻门（Bacillariophyta）	短缝藻科（Eunotiaceae）	短缝藻属（Eunotia）	弧形短缝藻（Eunotia urcus）
			篦形短缝藻（Eunotia pectinalis）
	舟形藻科（Naviculaceae）	肋缝藻属（Frustulia）	菱形肋缝藻（Frustulia rhomboids）
			普通肋缝藻（Frustulia vulgaris）
		布纹藻属（Gyrosigma）	库津布纹藻（Gyrosigma kutzingii）
			史氏布纹藻（Gyrosigma spencerii）
			粗糙布纹藻（Gyrosigma strigile）
			尖布纹藻（Gyrosigma acuminatum）
		辐节藻属（Stauroneis）	双头辐节藻（Stauroneis anceps）
			尖辐节藻（Stauroneis acuta）
		舟形藻属（Navicula）	放射舟形藻（Navicula radiosa）
			双头舟形藻（Navicula dicepHala）
			隐头舟形藻（Navicula cryptocephala）
			短小舟形藻（Navicula exigua）
			椭圆舟形藻（Navicula schonfeldii）
			杆状舟形藻（Navicula bacillum）
			尖头舟形藻（Navicula cuspidata）
		羽纹藻属（Pinnularia）	细条纹羽纹藻（Pinnularia microstaurou）
			纤细羽纹藻（Pinnularia gracillima）
			大羽纹藻（Pinnularia major）
			弯羽纹藻（Pinnularia gibba）
			近小头羽纹藻（Pinnularia subcapitata）
	桥弯藻科（Cymbellaceae）	桥弯藻属（Cymbella）	小桥弯藻（Cymbella pusilla）
			细小桥弯藻（Cymbella gracilis）
			胀大桥弯藻（Cymbella turgidula）
			舟形桥弯藻（Cymbella naviculiformis）
			披针形桥弯藻（Cymbella lanceolata）
			纤细桥弯藻（Cymbella gracilis）

续表

门	科	属	种
硅藻门（Bacillariophyta）	桥弯藻科（Cymbellaceae）	桥弯藻属（Cymbella）	埃伦拜格桥弯藻（Cymbella ehrenbergii）
			新月桥弯藻（Cymbella cymbiformis）
			尖头桥弯藻（Cymbella cuspidate）
	异极藻科（Gomphonemaceae）	异极藻属（Gomphonema）	缢缩异极藻（Gomphonema costrictum）
			纤细异极藻（Gomphonema gracile）
			中间异极藻（Gomphonema intricalum）
			窄异极藻（Gomphonema angustatum）
	曲壳藻科（Achranthaceae）	曲壳藻属（Achnathes）	优美曲壳藻（Achnathes delicatula）
			披针曲壳藻（Achnathes lanceolata）
		卵形藻属（Cocconeis）	扁圆形卵形藻（Cocconeis placentula）
	菱形藻科（Nitzschiaceae）	菱形藻属（Nitzschia）	线形菱形藻（Nitzschia linearis）
			谷皮菱形藻（Nitzschia palea）
			双头菱形藻（Nitzschia amphibia）
			肋缝菱形藻（Nitzschia frustulum）
			新月菱形藻（Nitzschia closterium）
			钝头菱形藻（Nitzschia obtuse）
			缝合菱形藻（Nitzschia ricta）
			粗壮菱形藻（Nitzschia robusta）
	双菱藻科（Surirellaceae）	双菱藻属（Surirella）	粗壮双菱藻（Surirella robusta）
			线形双菱藻（Surirella linearis）
			二列双菱藻（Surirella biseriata）
			粗壮双菱藻纤细变种（Surirella robusta var. splendida）
裸藻门（Euglenophyta）	裸藻科（Euglenaceae）	裸藻属（Euglena）	绿色裸藻（Euglena viridis）
			膝曲裸藻（Euglena geniculata）
			尖尾裸藻（Euglena oxyuris）
		囊裸藻属（Trachelomonas）	近似囊裸藻（Trachelomonas similes）
			棘囊裸藻（Trachelomonas armata）

续表

门	科	属	种
裸藻门 （Euglenophyta）	裸藻科（Euglenaceae）	扁裸藻属 （*Phacus*）	旋形扁裸藻（*Phacus helicoides*）
			波形扁裸藻（*Phacus undulatus*）
绿藻门 （Chlorophyta）	团藻科（Volvocaceae）	盘藻属（*Gonium*）	美丽盘藻（*Gonium formosum*）
		实球藻属 （*Pandorina*）	实球藻（*Pandorina morum*）
		团藻属（*Volvox*）	球团藻（*Volvox globator*）
	衣藻科 （Clamydomonadaceae）	衣藻属 （*Chlamydomonas*）	莱哈衣藻（*Chlamydomonas rinhardi*）
			卵形衣藻（*Chlamydomonas ovalis*）
	小球藻科 （Chlorellaceae）	小球藻属 （*Chlorella*）	小球藻（*Chlorella vulgaris*）
	水网藻科 （Hydrodictyaceae）	水网藻属 （*Hydrodictyon*）	水网藻（*Hydrodictyon reticulatum*）
		盘星藻属 （*Pediastrum*）	二角盘星藻（*Pediastrum duplex*）
			单角盘星藻（*Pediastrum simplex*）
	栅藻科 （Scenedesmaceae）	栅藻属 （*Scenedesmus*）	四尾栅藻（*Scenedesmus quadricauda*）
			斜生栅藻（*Scenedesmus obliquus*）
			弯曲栅藻（*Scenedesmus arcuatus*）
			柱状栅藻（*Scenedesmus bijuga*）
			齿形栅藻（*Scenedesmus denticlatus*）
		十字藻属 （*Crucigenia*）	四足十字藻（*Crucigenia tetrapedia*）
	丝藻科 （Ulotrichaceae）	丝藻属（*Ulothrix*）	细丝藻（*Ulothrix teneriima*）
			环丝藻（*Ulothrix zonata*）
			颤丝藻（*Ulothrix oscillatoria*）
	微孢藻科 （Microsporaceae）	微孢藻属 （*Microspora*）	膜微孢藻（*Microspora membranacea*）
			丛毛微孢藻（*Microspora floccose*）
	胶毛藻科 （Chaetophoraceae）	毛枝藻属 （*Stigeoclonium*）	长毛毛枝藻（*Stigeoclonium longipilum*）
		小丛藻属 （*Microthamnion*）	小丛藻（*Microthamnion kuetzingianum*）
		竹枝藻属 （*Draparnaldia*）	羽枝竹枝藻（*Draparnaldia plumosa*）

续表

门	科	属	种
绿藻门（Chlorophyta）	无隔藻科（Vaucheriaceae）	无隔藻属（Vaucheria）	陆生无隔藻（Vaucheria terrestris）
			多雄无隔藻（Vaucheria polysperma）
	鞘藻科（Oedogoniaceae）	鞘藻属（Oedogonium）	中型鞘藻（Oedogonium intermedium）
			顶孢鞘藻（Oedogonium acrosporum）
			多孢鞘藻（Oedogonium polysperium）
	刚毛藻科（Cladophoraceae）	刚毛藻属（Cladophora）	脆弱刚毛藻（Cladophora fracta）
			皱刚毛藻（Cladophora crispate）
			寡枝刚毛藻（Cladophora oligoclona）
	双星藻科（Zygnemataceae）	双星藻属（Zygnema）	星芒双星藻（Zygnema stellinum）
		转板藻属（Mougeotia）	小转板藻（Mougeotia parvula）
		水绵属（Spirogyra）	单一水绵（Spirogyra singularis）
			普通水绵（Spirogyra communis）
			膨胀水绵（Spirogyra inflata）
			小水绵（Spirogyra minor）
	中带藻科（Mesotaeniaceae）	中带藻属（Mesotaenium）	中带藻（Mesotaenium enderianum）
		棒形藻属（Gonatozygon）	多毛棒形藻（Gonatozygon pilosum）
			棒形藻（Gonatozygon monotaenium）
	鼓藻科（Desmidiaceae）	新月藻属（Closterium）	锐新月藻（Closterium acerosum）
			项圈新月藻（Closterium moniliforum）
			库津新月藻（Closterium kuetzingii）
			美丽新月藻（Closterium venus）
			念珠新月藻（Closterium moniliferum）
			披针新月藻（Closterium lanceolatum）
			月形新月藻（Closterium lanula）
			膨胀新月藻（Closterium tumidum）

门	科	属	种
绿藻门 （Chlorophyta）	鼓藻科 （Desmidiaceae）	杆形鼓藻属 （Penium）	纺锤杆形鼓藻（Penium ilbellula）
		凹顶鼓藻属 （Euastrum）	弯曲凹顶鼓藻（Euastrum sinuosum）
			凹顶鼓藻（Euastrum ansatum）
			分歧凹顶鼓藻（Euastrum divergens）
		角星鼓藻属 （Staurastrum）	奇异角星鼓藻（Staurastrum paradoxum）
			弯曲角星鼓藻（Staurastrum inflexum）
			纤细角星鼓藻（Staurastrum gracile）
			钝齿角星鼓藻（Staurastrum crenulatum）
		鼓藻属 （Cosmarium）	四眼鼓藻（Cosmarium tetraophthalmum）
			圆孔鼓藻（Cosmarium maculatum）
			钝鼓藻（Cosmarium obtusatum）
			梅尼鼓藻（Cosmarium meneghinii）
			光滑鼓藻（Cosmarium leave）
			颗粒鼓藻（Cosmarium granatum）
			方鼓藻（Cosmarium quadrum）
轮藻门 （Charophyta）	轮藻科（Characeae）	轮藻属（Chara）	普生轮藻（Chara vulgaris）

表3-2 澎溪河湿地自然保护区浮游植物科、属、种组成比例

门 类	科数	属数	种数	占总种数百分比/%
蓝藻门（Cyanophyta）	6	17	32	17.58
隐藻门（Cryptophyta）	1	1	2	1.10
甲藻门（Pyrrophyta）	2	2	3	1.65
金藻门（Chrysophyta）	2	2	3	1.65
黄藻门（Xanthophyta）	1	1	2	1.10
硅藻门（Bacillariophyta）	10	20	69	37.91
裸藻门（Euglenophyta）	1	3	7	3.85
绿藻门（Chlorophyta）	14	27	63	34.62
轮藻门（Charophyta）	1	1	1	0.55
合 计	38	74	182	100.00

注：因四舍五入原因，计算所得数值有时与实际数值微有出入，特此说明。

二、优势类群及变化

澎溪河湿地自然保护区浮游植物丰富，优势种类主要包括硅藻、绿藻和蓝藻三大类群。保护区四季分明的亚热带气候条件使得浮游植物的季节性变化明显。硅藻与绿藻均为春季和夏季的优势种，春季各断面最大优势种所占比例远大于其他优势种，但夏季各优势种优势度差异不大。根据2017年《重庆澎溪河湿地市级自然保护区科考报告》，春季浮游植物的密度为 $22.5 \times 10^5 \sim 103.6 \times 10^5$ cells/L，平均值为 52.6×10^5 cells/L。夏季藻类密度处于 $21.7 \times 10^5 \sim 77.8 \times 10^5$ cells/L，平均值为 41.7×10^5 cells/L。保护区位于澎溪河上游区域，会受到上游山地河流如东河和南河等汇入的影响，也会受到冬季三峡水库蓄水的影响，表现出河流型和湖泊水库型的双重生态特征，更利于绿藻和蓝藻的生长，使该区域的浮游植物组成趋向于湖泊型藻类分布特点。

一般认为，浮游植物的生长受温度、光照、营养盐、水流等多方面因子的综合影响（王宇飞等，2015；Yuan et al，2017）。水库的浮游植物受水库调度作用影响更为明显，三峡水库为典型的季节性调节的河道型水库，就澎溪河来说，也表现出明显的河流与水库的双重特点。三峡水库采取"蓄清排浊"的运行方式，即夏季低水位运行（海拔145m），冬季高水位蓄水（海拔175m），使三峡水库中浮游植物的种群变化规律与其他水库明显不同。研究表明，三峡水库建成蓄水后，保护区浮游植物的生物量有较大增加，硅藻和绿藻为该区域的优势种类。

第三节　浮　游　动　物

一、种类组成

根据2017年《重庆澎溪河湿地市级自然保护区科考报告》，澎溪河湿地自然保护区现有浮游动物3门5纲17目37科61属87种（表3-3）。其中，原生动物3纲11目17科21属32种，占浮游动物总种数的36.78%，原生动物中根足纲种数最多，有16种，占浮游动物总种数的18.39%；纤毛纲15种，占浮游动物总种数的 17.24%。轮虫纲 2 目 9 科 18 属 27 种，占浮游动物总种数的 31.03%。甲壳纲 4 目 11 科 22 属 28 种，占浮游动物总种数的 32.18%。从门的分类阶元比较，种类数非常接近，所占比例均在 30% 以上，纤毛纲所占比重较大。纤毛纲的种类较多，除了与水体中所含有机质的量有关，也与保护区内溪河、沟渠较多有关。

表3-3 澎溪河湿地自然保护区浮游动物种类名录

门	纲	目	科	属	种
原生动物门（Protozoa）	根足纲（Rhizopodea）	表壳目（Acellinida）	表壳科（Acellinida）	表壳虫属（Acella）	普通表壳虫（Acella vulgari）
					半圆表壳虫（A. hemisphaerica）
			砂壳科（Difflugiidae）	砂壳虫属（Diffluga）	湖沼砂壳虫（Diffluga limnetica）
					球形砂壳虫（D. globulosa）
					长圆砂壳虫（D. oblonga oblonga）
					尖顶砂壳虫（D. acuminate）
					明亮砂壳虫（D. lucida）
					双叉砂壳虫（D. globulosa）
					褐砂壳虫（D. avellana）
					壶形砂壳虫（D. lebes）
				匣壳虫属（Centropyxis）	网匣壳虫（Centropyxis cassis）
					针棘匣壳虫（C. cassis）
				法帽虫属（Phryganella）	半球法帽虫（Phryganella hemisphaerica）
				三角嘴虫属（Trigonopycis）	小匣三角嘴虫（Trigonopycis arcula）

门	纲	目	科	属	种
原生动物门 （Protozoa）	根足纲 （Rhizopodea）	有壳丝足目 （Testaceufilosa）	鳞壳科 （Euglyplidae）	鳞壳虫 （Euglypha）	长圆鳞壳虫 （Euglypha rotunda）
				楔颈虫属 （Sphenoderia）	楔颈虫 （Sphenoderia sp.）
	辐足纲 （Actinopodea）	太阳虫目 （Actinophryida）	太阳科 （Actinophyidae）	辐球虫属 （Actinophaerium）	艾氏辐球虫 （Actinophaerium eichorni）
	纤毛纲 （Ciliata）	前口目 （Prostomatida）	前管科 （Prorodontidae）	前管虫属 （Prorodon）	前管虫（Prorodon sp.）
					片齿前管虫（P. platyodon）
		裸口目 （Gymnastoma-tida）	圆口科 （Trachelidae）	长颈虫属 （Dileptus）	长颈虫（Dileptus sp.）
			戎装科 （Chlamydodon-tidae）	斜管虫属 （Chilodonella）	斜管虫 （Chilodonella sp.）
			裂口科 （Amphilepdi-dae）	半眉虫属 （Hemiophrys）	半眉虫 （Hemiophrys sp.）
		刺钩目 （Haptorida）	栉毛科 （Didinintae）	栉毛虫属 （Didinium）	栉毛虫（Didinium sp.）
		寡毛目 （Oligotrichida）	侠盗科 （Strobilidiidae）	侠盗虫属 （Strobilidium）	旋回侠盗虫 （Strobilidium gyrans）
		缘毛目 （Peritrichida）	鞘居科 （Vaginicolidae）	靴纤虫属 （Cothurnia）	环靴纤虫 （Cothurnia annulata）
			钟形科 （Vorticellidae）	钟虫属 （Vorticella）	沟钟虫（Vorticella convallaria）
					钟形钟虫 （Vorticella campanula）
			怪游科 （Astylozoidae）	怪游虫属 （Astylozoon）	怪游虫（Astylozoon sp.）
			累枝科 （Epistylisae）	累枝虫属 （Epistylis）	短枝累枝虫 （Epistylis breviramasa）
		毛口目 （Trichostoma-tida）	肾形科 （Coipodidae）	肾形虫属 （Colpoda）	肾形虫（Colpoda sp.）
		吸管目 （Suctorida）	壶吸管科 （Uraulidae）	壳吸管虫属 （Paracineta）	尼泊尔拟壳吸管虫 （Paracineta neapolitana）

续表

门	纲	目	科	属	种
原生动物门 （Protozoa）	纤毛纲 （Ciliata）	膜口目 （Hymenostoma-tida）	草履科 （Paramecidae）	草履虫属 （Paramecium）	尾草履虫 （Paramecium caudatum）
袋形动物门 （Aschelmin-thes）	轮虫纲 （Rotifera）	蛭态目 （Bdelloidea）	旋轮科 （Philodinidae）	轮虫属 （Rotaric）	轮虫（Rotaric sp.）
		单巢目 （Monogononta）	晶囊轮科 （Asplanchnidae）	晶囊轮属 （Asplanchna）	前节晶囊轮虫 （Asplanchna priodonta）
			臂尾轮科 （Brachionidae）	臂尾轮虫属 （Brachionus）	萼花臂尾轮虫 （Brachionus calycjlonts）
					花篋臂尾轮虫（B. capsuliflorus）
					角突臂尾轮虫（B. angularis）
					壶状臂尾轮虫（B. urceus）
					剪形臂尾轮虫（B. forficula）
				龟甲轮虫属 （Keratella）	曲腿龟甲轮虫 （Keratella valga）
					螺形龟甲轮虫 （K.cochlearis）
				叶轮虫属 （Notholca）	叶轮虫（Notholca sp.）
				须足轮虫属 （Euchlanis）	大肚须足轮虫 （Euchlanis dilalata）
				棘管轮属 （Mytilina）	腹棘管轮虫 （Mytilina ventralis）
				鞍甲轮属 （Lepadella）	盘状鞍甲轮虫 （Lepadella patella）
				狭甲轮属 （Colurella）	钩状狭甲轮虫 （Colurella uncinata）
			腔轮科 （Lecanidae）	单趾轮属 （Monostyla）	月形单趾轮虫 （Monostyla lunaris）
			椎轮科 （Notommatidae）	巨头轮属 （Cephalodella）	小巨头轮虫 （Cephalodella exigna）
					大头巨头轮虫（C. megaloceplala）

续表

门	纲	目	科	属	种
袋形动物门（Aschelmin-thes）	轮虫纲（Rotifera）	单巢目（Monogononta）	椎轮科（Notommatidae）	腹尾轮属（Gatropus）	腹足腹尾轮虫（Gatropus hyptopus）
			腹尾轮科（Gastropodidae）	无柄轮属（Ascomorpha）	舞跃无柄轮虫（Ascomorpha saltans）
			鼠轮科（Trichocercidae）	同尾轮属（Diurella）	韦氏同尾轮虫（Diurella weberi）
					罗氏同尾轮虫（D. rouseleti）
					尖头同尾轮虫（D. tigris）
				异尾轮属（Trichocerca）	鼠异尾轮虫（Trichocerca rattus）
			疣毛轮虫科（Synchaetidae）	疣毛轮属（Synchacta）	长圆疣毛轮虫（Synchacta oblonga）
			镜轮科（Testudinellidae）	镜轮属（Testudinella）	镜轮虫（Testudinella sp.）
				三肢轮属（Filinia）	迈氏三肢轮虫（Filinia maior）
					长三肢轮虫（F. longiseta）
节肢动物门（Arthropoda）	甲壳纲（Crustacea）	双甲目（Diplostraca）	溞科（Daphniidae）	溞属（Daphnia）	大型溞（Daphnia magna）
				网纹溞属（Ceriodaphnia）	角突网纹溞（Ceriodaphnia cornuta）
				船卵溞属（Scapholeberis）	壳纹船卵溞（Scapholeberis kingi）
				低额溞属（Simocephalus）	老年低额溞（Simocephalus vetulus）
			裸腹溞科（Moinidae）	裸腹溞属（Moina）	近亲裸腹溞（Moina affinis）
			象鼻溞科（Bosminidae）	象鼻溞属（Bosmina）	柯氏象鼻溞（Bosmina coregoni）
					长额象鼻溞（B.longirostris）

续表

门	纲	目	科	属	种
节肢动物门 （Arthropoda）	甲壳纲 （Crustacea）	双甲目 （Diplostraca）	象鼻溞科 （Bosminidae）	象鼻溞属 （Bosmina）	脆弱象鼻溞（B. fatalis）
					简弧象鼻溞（B. coregoni）
				基合溞属 （Bosminopsis）	颈沟基合溞（Bosminopsis deitersi）
			粗毛溞科 （Macrothricidae）	粗毛溞属 （Macrothrix）	宽角粗毛溞（Macrothrix laticornis）
			盘肠溞科 （Chydoridae）	大尾溞属 （Leydigia）	粗刺大尾溞（Leydigia leydigii）
				尖额溞属 （Alona）	方形尖额溞（Alona quadrangularis）
					中型尖额溞（A. intermedia）
					肋形尖额溞（A. costata）
				平直溞属 （Pleuroxus）	矛状平直溞（Pleuroxus hastatus）
				盘肠溞属 （Chydorus）	卵形盘肠溞（Chydorus ovalis）
					圆形盘肠溞（C. sphaericus）
		哲水蚤目 （Calanoida）	刺胸水蚤科 （Centropagidae）	华哲水蚤属 （Sinocalanus）	汤匙华哲水蚤（Sinocalanus dorrii）
			镖水蚤科 （Diaptomidae）	荡镖水蚤属 （Neutrodiaptomus）	西南荡镖水蚤（Neutrodiaptomus mariadvigae）
				中镖水蚤属 （Sinodiaptomus）	大型中镖水蚤（Sinodiaptomus sarsi）
			宽水蚤科 （Temoridae）	异足水蚤属 （Heterocope）	垂饰异足水蚤（Heterocope appendicalata）
		剑水蚤目 （Cyclopoida）	剑水蚤科 （Cyclopidae）	大剑水蚤属 （Macrocyclops）	白色大剑水蚤（Macrocyclops albidus）
				真剑水蚤属 （Eucyclops）	锯缘真剑水蚤（Eucyclops serrulatus）

续表

门	纲	目	科	属	种
节肢动物门 （Arthropoda）	甲壳纲 （Crustacea）	剑水蚤目 （Cyclopoida）	剑水蚤科 （Cyclopidae）	中剑水蚤属 （*Mesocyclops*）	北碚中剑水蚤 （*Mesocyclops pehpeiensis*）
				温剑水蚤属 （*Thermacyclops*）	等刺温剑水蚤 （*Thermocyclops kawamurai*）
		猛水蚤目 （Harpacticoida）	异足猛水蚤科 （Canthocampti-dae）	异足猛水蚤属 （*Elaphoidella*）	异足猛水蚤 （*Elaphoidella* sp.）
			叶颚猛水蚤科 （Vigaierellidae）	叶颚猛水蚤属 （*Phyllogna*）	叶颚猛水蚤 （*Phyllogna thopus*）

二、生态类群及变化

澎溪河湿地自然保护区内消落带面积较大，分布范围广，溪流众多，加上河岸蜿蜒，形成了许多微流水或水流相对静止的区域，给浮游动物提供了良好的生存空间（翟世涛等，2012；张可等，2007）。浮游动物可分为两种生态类群：流水生活种类和静水生活种类。

流水生活种类在保护区溪流湿地的浮游动物中占主要位置，如球形砂壳虫、前节晶囊轮虫等。静水生活种类在保护区的水域中广泛分布，特别是在库塘湿地中优势明显，如尾草履虫、萼花臂尾轮虫等。

春季和夏季时，轮虫均为优势种类。夏季时的浮游动物总种类数比春季少，但轮虫的种类数没有变化。根据2017年《重庆澎溪河湿地市级自然保护区科考报告》，夏季时浮游动物的密度高于春季，春季浮游动物的密度为每升6.4～71.1个，夏季时浮游动物密度为每升20.3～305.1个。研究表明，受三峡水库蓄水影响，浮游动物的种类和生物量均显著增加。

第四章　高等维管植物

消落带属于典型的水陆交错带，是水域生态系统和陆地生态系统的过渡区域。消落带的植物群落发挥着稳定库岸、保持水土、净化污染等重要的生态作用。独特的水文干扰使得消落带生态系统的结构和变化情况不同于其他自然河流枯洪水位变动。三峡水库蓄水后，原有陆地生境转变为"冬水夏陆"的干湿交替生境，大多数原有陆生植物因不适应淹水环境而消失，一些适应新生境的植物在消落带定植和生长（王勇等，2002）。水位波动导致植物群落的组成结构发生巨大变化，降低了消落带植物多样性。植物群落是消落带生态系统的重要组成部分，研究植物群落有利于科学地进行消落带管理和利用，对维持消落带生态系统功能和保障三峡水库生态安全具有重要作用（黄真理，2001；钟章成，2009；王强等，2011）。本课题组自2008年以来，在澎溪河湿地自然保护区的消落带持续进行植物种类及群落的调查研究，在全面了解澎溪河湿地自然保护区植物多样性的基础上，重点针对三峡水库消落带植物群落物种组成、多样性及其分布现状进行了长期动态调查研究，探讨了三峡水库蓄水后澎溪河消落带植物群落空间分布格局及其动态变化规律，揭示了季节性水位变化对消落带植物群落的影响，阐明了影响消落带生态系统的关键驱动因子及作用机制，为三峡水库消落带的科学管理及生态修复提供科学依据。

第一节　调　查　方　法

植被及植物现状调查范围主要包括植被类型及分布、植物种类、优势种、盖度、多样性、生物量以及生长情况，调查的主要目的是分析保护区植被和植物资源现状及变化趋势，分析各生态因子间的相互关系及植物群落保护的驱动因子（王伯荪，1987）。

根据有关资源专题图等提供的信息，在初步分析的基础上，植被调查以现场踏勘和样方调查（按照中国生态系统研究网络观察与分析标准方法《陆地生物群落调查观察与分析》）（董鸣，1997）相结合的方式进行。

一、基础资料收集

收集整理保护区范围内的植物种类、植被类型、土壤等方面的资料，在综合分析现有资料的基础上，确定实地考察的重点区域和考察路线。

二、野外实地调查

野外调查包括植物种类和群落调查，采用线路调查和样方实测法。在实地调查的基础上，确定典型群落地段进行样方调查。在每个调查点，根据植被类型及群落特征设置调查样方。草本群落样方面积为1m×1m，调查时记测每种植物名称、多度、盖度、高度等群落数量特征。灌丛样方面积为5m×5m，调查时记测样方内每种植物名称、多度、盖度和高度（m）等群落数量特征。森林样方面积为20m×20m，调查时记测样方内每种植物名称、胸高直径（简称胸径，cm）、高度（m）、冠幅（m×m）等群落数量特征。在调查群落数量特征的同时，记录地形、坡度、坡向、土壤类型、经纬度和海拔等环境因子。

第二节 种类组成及区系特征

一、维管植物种类组成及区系分析

根据2017年《重庆澎溪河湿地市级自然保护区科考报告》，澎溪河湿地自然保护区内共有维管植物148科504属917种（表4-1，附录1）。其中，蕨类植物23科37属70种；裸子植物7科14属19种；被子植物118科453属828种（附录1）。

表4-1　澎溪河湿地自然保护区维管植物科属的分布区类型

分布区类型	科数	占保护区总科的比例/%	属数	占保护区总属的比例/%
世界分布	52	35.14	56	11.11
泛热带分布	42	28.38	112	22.22
热带亚洲和热带美洲间断分布	13	8.78	33	6.55
旧世界热带分布	4	2.70	27	5.36
热带亚洲至热带大洋洲分布	2	1.35	18	3.57
热带亚洲至热带非洲分布	0	0.00	22	4.37
热带亚洲分布	0	0.00	33	6.55
北温带分布	23	15.54	82	16.27
东亚和北美洲间断分布	7	4.73	35	6.94
旧世界温带分布	1	0.68	23	4.56
温带亚洲分布	0	0.00	3	0.60
地中海区、西亚至中亚分布	0	0.00	4	0.79
中亚分布	0	0.00	0	0.00
东亚分布	2	1.35	45	8.93
中国特有分布	2	1.35	11	2.18
合计	148	100.00	504	100.00

对澎溪河湿地自然保护区维管植物科属的分布区类型进行整理汇总（吴征镒和王荷生，1983；王荷生，1992；吴征镒等，2003），可知种属在科中的分布情况是：单种科植物30科30种，分别占总数的20.27%、3.27%；2～5种的少种科有76科，含235种，分别占总数的51.35%、25.63%；6～15种的多种科有34科，含301种，分别占总数的22.97%、32.82%；大于等于16种的大科有8个科，含351种，分别占总数的5.41%、38.28%。

可以看出，保护区植物种的优势科突出，8个大科仅占科总数的5.41%，而种的比重却超过1/3，占38.28%。大科中又特别是菊科（81种）、禾本科（75种）最为突出。其余6个大科是蔷薇科（54种）、豆科（50种）、莎草科（28种）、大戟科（22种）、唇形科（21种）、蓼科（20种）。917种维管植物分为两类，一是自然生长的，二是人工栽培或引种发展的。根据2017年《重庆澎溪河湿地市级自然保护区科考报告》，人工栽培或引种植物有145种，约占植物总种数的15.81%。772种自然生植物以草本植物为主，以菊科、禾草类、蕨类为主。

二、维管植物的生活型

生活型是植物长期适应外界环境条件而在外貌上表现出的综合形态特征（孙儒泳等，2002）。生活型能反映一个区域的气候（水热）条件和环境受干扰状况。澎溪河湿地自然保护区植物生活型分为6类，木本植物分为乔木和灌木（含木质藤本），乔木包括常绿乔木和落叶乔木，灌木分为常绿灌木和落叶灌木；草本植物有陆生草本植物（含草质藤本植物）和水生草本植物（含水陆两栖的湿生草本植物）。

在澎溪河湿地自然保护区917种植物中，木本植物共计291种，占植物总数的31.73%。其中，常绿乔木有42种，占种总数的4.58%，常绿乔木多为人工栽培，如人工栽种的樟树、桉树、马尾松、柏木等；落叶乔木有61种，占种总数的6.65%，也多为植树造林的栽培树种，如枫杨、川楝、刺槐、桑等，以及消落带生态恢复栽种的落羽杉、池杉等。常绿灌木有70种，占种总数的7.63%；落叶灌木有118种，占种总数的12.87%。草本植物有618种，占种总数的67.39%，其中水生维管植物有111种，占种总数的12.10%。

保护区内，草本植物所占比例极大，且多为当地原生植物（王强等，2009a，2009b，2012；王晓荣等，2016）。这样的生活型谱反映了受季节性水位变动影响的湿地自然保护区的基本特征（王强等，2011），也反映了陆地环境历史上的扰动状况。

三、湿地植物

根据 2017 年《重庆澎溪河湿地市级自然保护区科考报告》，澎溪河湿地自然保护区有湿地植物31科111种，分别占保护区维管植物科数和种数的20.09%和12.10%。在湿地植物中，水位是决定植物分布的主导因素（Grace，1989；Casanova and Brock，2000；Liu et al，2006；徐洋等，2009），水域分布主要为眼子菜科、水鳖科、睡莲科、浮萍科植物；湿地分布则以禾本科、莎草科、蓼科、灯心草科、泽泻科植物为多。

组成湿地植被的优势植物主要为世界广布种，如芦苇、水烛、金鱼藻和浮萍等，其次为亚热带至温带分布的眼子菜、茨藻等；热带至温带分布的莲、黑藻等，温带分布的狸藻为优势种，根据保护区湿地植物的形态和生态习性的不同，其生活型有4类（表4-2）。

表4-2　保护区湿地植物生活型类群

类别	沉水植物	漂浮植物	浮叶植物	挺水植物	合计
种数/种	18	7	7	79	111
比例/%	16.2	6.3	6.3	71.2	100.0

（1）挺水植物：植物的根、根茎生长在水的底泥之中，茎、叶挺伸出水面。常分布于0～1.5m的浅水处，其中有的种类生长于潮湿的岸边。这类植物在空气中的部分，具有陆生植物的特征；生长在水中的部分（根或地下茎），具有水生植物的特征。典型挺水植物如水烛、慈姑等；有些种类陆生性较强，离水仍能生长，如两栖蓼（*Polygonum amphibium*）、芦苇等，为水陆两栖植物，它们通常生于沿河岸浅水处或河滩湿地。保护区内，挺水植物有79种，占湿地植物的71.2%，如长苞香蒲（*Typha domingensis*）、水葱（*Scirpus validus*）等。有些种类陆生性较强，离水仍能生长，如藨草（*Scirpus triqueter*）、异型莎草（*Cyperus difformis*）、扁穗莎草（*C. compressus*）、两栖蓼、红蓼（*P. orientale*）等，为水陆两栖植物，它们通常生于沿河岸、库岸浅水处或河滩湿地。

（2）浮水植物：包括浮叶植物和漂浮植物。前者是指植物体的根、地下茎生长在水底淤泥中，而叶片则漂浮在水面上；后者又称完全漂浮植物，是根不会着生在底泥中，整个植物体漂浮在水面上，这类植物的根通常不发达，体内具有发达的通气组织，或具有膨大的叶柄（气囊），以保证与大气进行气体交换。保护区内浮叶植物有7种，占湿地植物的6.3%，如睡莲（*Nymphaea tetragona*）等。保护区内，有漂浮植物7种，占湿地植物的6.3%，如满江红（*Azolla imbricata*）、紫萍（*Spirodela polyrhiza*）、浮萍（*Lemna minor*）等。

（3）沉水植物：植物体的茎、叶全部沉没于水中，根大多数扎入水底淤泥内。澎溪河湿地自然保护区内，沉水植物有18种，占湿地植物的16.2%，如菹草（*Potamogeton crispus*）、小叶眼子菜（*P. cristatus*）、黑藻（*Hydrilla verticillata*）、金鱼藻（*Ceratophyllum demersum*）等。

从植物区系分析来看，保护区虽地处亚热带，但区系组成成分多种多样。保护区湿地植物以热带至温带分布、亚热带至温带分布和世界广布种较多，而温带种类则较少，这反映出湿地植物的地带性分布不像陆生植物那样明显，因而区系植物出现明显的跨带现象。同时，组成保护区湿地植物的主要种多属世界广布种，这也反映了湿地植物生活的水域生境条件比较一致，可在不同的植被带内由许多相同的种类组成相似的群落，具有隐域性特点。

从植物生态地理特性来看，保护区湿地植物因其生长位置、水域深浅、底质肥瘠的不同，分布的植物种类有较大差异。在水质清澈见底、透光度大的地方，湿地植物分布较深；在水质混浊、透光度小的地带，湿地植物则分布较浅。在水域泥质水底，腐殖质多，湿地植物种类丰富，生长繁茂。通常挺水植物沿河岸、库岸呈带状分布，而在低洼的河湾、库尾则连片分布。沉水植物分布在近岸浅水区水深1～2m的水底。生长最深的金鱼藻、苦草、黑藻长度可达2.5m。浮水植物只在浅水区中分布。漂浮植物如浮萍等由于个体小，流动性大，只在一些背风向阳的水域生长，尤其是在保护区高处的一些小型水塘中分布。保护区湿地植物主要分布在水体比较稳定、不受大风扰动的库湾和背风水域，种类较复杂，生长繁茂，群落类型多种多样。

第三节　植被类型及特征

一、植被类型

植被是指一个地区或区域内所有植物的有机组合。澎溪河湿地自然保护区位于三峡水库一级支流澎溪河上游，汉丰湖水位调节坝以下至开州区与云阳县交界的断面。保护区主体水域澎溪河干流自上而下有3次大的西东、北南的转向，即由调节坝起，干流自西向东绕过葫芦坝转为由北向南，约经直线距离7km至渠口镇南的普里河，又转为由西至东，直到白夹溪，再转为由北向南。弯曲的河流由于流经地层岩石和地形的差异，形成众多大小不等的河漫滩和阶地及峡谷地貌。大型河漫滩从上至下有王家坝、窟窿坝、葫芦坝、窄口坝、猪槽坝、石门滩、渠口坝、大浪坝、小浪坝、余家坝等10余个。左岸的窟窿坝、小浪坝，右岸的渠口坝、大浪坝在三峡水库高水位蓄水前均为季节性耕种的农田，在高水位后的冬季都被淹没，在夏季低水位出露季，由于地势低洼，经历过冬季漫长的蓄水淹没，消落带区域发育为典型的湿地生境。左岸白夹溪的主河道、河漫滩在高水位时被淹没，出露较多岛屿、半岛，经历过冬季漫长蓄水淹没后，在夏季出露季节，由于地势低洼、河流蜿蜒，消落带区域发育为典型的湿地生境。石门滩至渠口坝、白夹溪河口至云阳县断面，是两岸坡度较大的峡谷，两岸峡谷高地森林发育较好。

保护区地处亚热带常绿阔叶林区域，东部（湿润）常绿阔叶林亚区，中亚热带常绿阔叶林地带，四川盆地栽培植被、润楠、青冈林区（ⅢAii-6），川东平行岭谷刺果米槠、马尾松、柏木林、中稻—小麦、油桐栽培植被小区（ⅢAii-6a）与大巴山南麓包石栎、青冈、小叶青冈林小区（ⅢAii-6e）的过渡地带。该区地带性植被应为常绿阔叶林，但受历史、自然和人为多种因素的影响，常绿阔叶林大多被破坏。现状植被均属次生类型。根据中国植被的分类原则、依据、分类系统和命名规则，结合澎溪河湿地自然保护区的实际情况，把植被类型分为自然植被和农业植被两大类。自然植被又分为陆生植被和水生植被两类。

保护区的海拔较低，一般上限在200m，最高处达400m，最低水位为145m，最高水位为175m，相对高差不大，所以生物垂直带谱不明显。保护区的现状植被类型划分选用最重要的高、中两级单位，即植被型和群系（中国植被编辑委员会，1980）。保护区陆生植被有6个植被型、27个群系；水生植被有3个植被型、14个群系（表4-3）。

表4-3　澎溪河湿地自然保护区植被类型

自然植被	植被型	群系
陆生植被	一、暖性针叶林	1. 马尾松林
		2. 柏木林
		3. 池杉林
		4. 落羽杉林
		5. 水松林
		6. 中山杉林

续表

自然植被	植被型	群系
陆生植被	二、常绿阔叶林	7. 尾巨桉林
		8. 重阳木林
	三、落叶阔叶林	9. 川楝林
		10. 水桦林
		11. 刺槐林
		12. 旱柳林
		13. 枫香树林
	四、竹林	14. 慈竹林
		15. 斑竹林
		16. 硬头黄竹林
		17. 麻竹林
	五、落叶阔叶灌丛	18. 桑、构、小果蔷薇灌丛
		19. 桑灌丛
	六、草甸	20. 狗牙根群落
		21. 白茅群落
		22. 芭茅群落
		23. 苍耳群落
		24. 双穗雀稗群落
		25. 钻叶紫菀群落
		26. 酸模叶蓼群落
		27. 硬秆子草群落
水生植被	一、挺水植物群落	1. 长苞香蒲群落
		2. 萤蔺群落
		3. 水蓼群落
		4. 菰群落
		5. 慈姑群落
		6. 莲群落
		7. 荸荠群落
		8. 水生美人蕉群落
	二、漂浮植物群落	9. 满江红群落
		10. 浮萍群落
		11. 凤眼蓝群落
	三、沉水植物群落	12. 菹草群落
		13. 金鱼藻群落
		14. 眼子菜群落

二、陆生植被

保护区陆生植被指天然生长或人工植树造林后生长发育的森林、灌丛、草甸植被。海拔145m以上地区均有分布，区内主要有6个植被型、27个群系。

（一）暖性针叶林

保护区内暖性针叶林有6个群系，其中马尾松林和柏木林是保护区内的主要森林植被类型。

1. 马尾松林（Form. *Pinus massoniana*）

马尾松是松科、松属乔木，高可达45m，胸径为1.5m；树皮呈红褐色，下部呈灰褐色，裂成不规则的鳞状块片；枝平展或斜展，树冠宽塔形或伞形。根系发达，主根明显。属喜光树种，不耐庇荫，喜光、喜温。对土壤要求不严格，喜酸性土壤，怕水涝，不耐盐碱，生长在石砾土、沙质土、黏土、山脊和阳坡的冲刷薄地上。马尾松林是我国亚热带东部湿润地区分布广、面积大、木材储积量大、资源丰富的森林群落。目前主要分布在保护区内海拔175m以上区域，多为人工栽培，林龄为25～30年。成片成带地集中分布在澎溪河石门滩至渠口坝、白夹溪以下澎溪河干流的峡谷地带，以及普里河两岸的斜坡地段，其他地区如白夹溪的半岛、山顶部有零星小块的马尾松林存在。土壤多为砂岩风化而成的酸性黄壤。群落生长发育一般。林冠高度为10m左右，郁闭度为0.4～0.5，密度为10株/100m²。乔木层单一，只有马尾松，灌木层难以成层，偶有稀疏小果蔷薇（*Rosa cymosa*）、铁仔（*Myrsine africana*）、火棘（*Pyracantha fortuneana*）、山莓（*Rubus corchorifolius*）、盐肤木（*Rhus chinensis*）、地瓜藤（*Ficus tikoua*）等。

草本层优势种以白茅（*Imperata cylindrica*）为主，另有乌蕨（*Sphenomeris chinensis*）、海金沙（*Lygodium japonicum*）、石韦（*Pyrrosia lingua*）、金发草（*Pogonatherum paniceum*）、小白酒草（*Conyza canadensis*）、鬼针草（*Bidens pilosa*）、井口边草（*Pteris multifida*）、薹草（*Carex* spp.）、丛毛羊胡子草（*Eriophorum comosum*）等。

2. 柏木林（Form. *Cupressus funebris*）

柏木是柏木属乔木，高可达35m，胸径为2m；主根浅细，侧根发达。喜温暖湿润的气候条件，年均气温一般在 13～19℃，年降水量为 1000mm 以上，且分配比较均匀、无明显旱季的地方生长良好。对土壤适应性广，在中性、微酸性及钙质土地上均能生长。耐干旱瘠薄，也稍耐水湿，特别是在上层浅薄的钙质紫色土和石灰土上也能正常生长。保护区内的柏木林是人工栽植的，常与马尾松林镶嵌分布，范围相似，只是土壤主要为由紫色页岩风化而成的含钙较多的中性或微碱性土。群落年龄、外貌特征、层次结构也与马尾松林相似，只是物种组成具有较多的喜钙植物，如灌木层有瓜木（*Alangium platanifolium*）、黄荆（*Vitex negundo*）等。草本层除白茅、薹草外，有较多的蜈蚣草（*Pteris vittata*）、凤尾蕨（*Pteris cretica*）、狗脊（*Woodwardia japonica*）、中日金星蕨（*Parathelypteris nipponica*）等，偶有藤本植物，如忍冬（*Lonicera japonica*）、菝葜（*Smilax china*）等。

3. 池杉林（Form. *Taxodium ascendens*）

池杉是杉科、落羽杉属植物。池杉是人工栽种在消落带的植物，为落叶乔木，高可达 25m。主干挺直，树冠呈尖塔形。树干基部膨大，枝条向上形成狭窄的树冠，尖塔形；叶钻形在枝上螺旋伸展；通常有膝状的呼吸根。池杉喜深厚疏松湿润的酸性土壤，耐湿性很强，长期在水中也能较正常生长。池杉的萌芽性很强，长势旺。澎溪河湿地自然保护区的池杉林主要分布在渠口坝、大浪坝、白夹溪老土地湾及管护站前，其中白夹溪老土地湾及管护站前的池杉是 2009 年春季栽种的，迄今已经经历了十余年冬季深水淹没，目前生长情况良好。池杉林下伴生有狗牙根、水蓼、合萌等耐水淹草本植物。

4. 落羽杉林（Form. *Taxodium distichum*）

落羽杉是杉科、落羽杉属植物。落羽杉是人工栽种在消落带的植物，为落叶大乔木，树高可达 25～50m。在幼龄至中龄阶段（50 年生以下）树干圆满通直，树干尖削度大，干基通常膨大，常有膝状呼吸根，圆锥形或伞状卵形树冠，是强阳性树种，适应性强，能耐低温、干旱、涝渍和土壤瘠薄，耐水湿，抗污染，且病虫害少，生长快。其树形优美，羽毛状的叶丛极为秀丽，入秋后树叶变为古铜色，是良好的秋色观叶树种。落羽杉林主要分布在渠口坝、大浪坝、白夹溪老土地湾、后湾。落羽杉林伴生狗牙根、水蓼、合萌等耐水淹草本植物。

5. 水松林（Form. *Glyptostrobus pensilis*）

水松为杉科、水松属乔木。水松林为人工栽培。树高可达25m，树干基部膨大成柱槽状，并且有伸出土面或水面的吸收根。为喜光树种，喜温暖、湿润的环境，耐水湿，不耐低温，对土壤的适应性较强，除盐碱土之外，在其他各种土壤上均能生长。为中国特有树种，木材实用价值大，可栽于河边、堤旁，作固堤护岸和防风之用。水松林主要分布在白夹溪老土地湾及管护站前。截至2019年底，已经经历了11年冬季深水淹没，目前生长情况良好。

6. 中山杉林（Form. *Taxodium* 'Zhongshansha'）

中山杉是杉科、落羽杉属植物。中山杉属乔木，胸径可达2m；树冠以圆锥形和伞状卵形为主，枝叶非常茂密，树干挺拔、通直，主干明显，中上部易出现分叉现象，通常会形成扫帚状；树干基部膨大，通常有膝状呼吸根。它是绿化良种乔木，在园林绿化和滩涂造林等许多领域中发挥了重要作用。因其树冠优美、绿色期长、耐水耐盐等生态特性，已被广泛应用于滩涂湿地、城市绿地等环境绿化。澎溪河湿地自然保护区的中山杉林主要分布在渠口坝、大浪坝，是2014年栽种的，经历了7年冬季深水淹没后，目前生长情况良好。中山杉林下生长有人工种植的桑树，伴生有苍耳、狗牙根、水蓼等植物。

（二）常绿阔叶林

保护区的常绿阔叶林主要是人工营造的尾巨桉林、重阳木林。

1. 尾巨桉林（Form. *Eucalyptus grandis* × *E. urophylla*）

尾巨桉是巨桉和尾叶桉杂交的速生树种，要求土壤肥沃深厚，起码有1m左右深的土壤。这种树对水分的需求量大。生长期短，种植后3～5个月可形成成片的绿化。在2010年三峡水库175m蓄水前，在澎溪河左岸的小浪坝有一片尾巨桉林，175m水位蓄水前已经将该片尾巨桉林清除。现在的尾巨桉林主要分布在保护区白夹溪靠近金峰镇的河段，该区有小片尾巨桉林分布。树高7m，林龄较短。乔木层为尾巨桉单优种群落。灌木层缺乏。草本层植物种较多，以白茅为主，伴生干旱毛蕨（*Cyclosorus aridus*）、笔管草（*Hippochaete debilis*）、野豌豆、小白酒草、婆婆纳（*Veronica didyma*）、簇生卷耳（*Cerastium caespitosum*）、酸模（*Rumex acetosa*）、火炭母（*Polygonum chinense*）、水蓼（*P. hydropiper*）、益母草（*Leonurus artemisia*）、火麻、黄腌菜、过路黄、茜草、碎米荠等。

2. 重阳木林（Form. *Bischofia polycarpa*）

重阳木是大戟科、秋枫属的落叶乔木，高达 15m，胸径为 50cm，为暖温带树种，属阳性。喜光，稍耐阴。喜温暖气候，耐寒性较弱。对土壤的要求不严，在酸性土和微碱性土中皆可生长，但在湿润、肥沃的土壤中生长最好。耐旱，也耐瘠薄，且能耐水湿，抗风耐寒，生长快速，根系发达。在澎溪河湿地自然保护区，重阳木林见于白夹溪流域右侧山体至剑阁楼一带。重阳木林于 2011 年冬季种植，为开州区林业局实施的植树造林项目。林下为灌木层，草本层为白茅单优种群落，盖度可达 95% 以上。

（三）落叶阔叶林

保护区内，落叶阔叶林都为人工林，有 5 个群系。

1. 川楝林（Form. *Melia toosendan*）

川楝林主要分布在葫芦坝下游入峡口至渠口镇两岸山坡上，树木生长发育好，树高可达 14m 左右，除优势种外，还伴生有枫杨、刺槐（*Robinia pseudoacacia*）。灌木有醉鱼草（*Buddleja lindleyana*）、密蒙花（*B. officinalis*）、小果蔷薇、地瓜藤、黄泡等。草本植物有野青茅、拂子茅、薹草、丛毛羊胡子草等。

2. 水桦林（Form. *Betula nigra*）

水桦是桦木科、桦木属落叶乔木，树高 18～25m。幼树呈塔形，逐渐长成椭圆形，分枝较多；成年树皮红褐色，有深沟，裂成凹凸不平、密而紧贴的鳞片。水桦生长迅速，适应性广。抗寒、抗病、抗污染、耐水淹、耐干旱、耐酸性、耐盐碱、耐瘠薄，喜生于冲积土中，根周期性地浸在水中，常生长在泥沼和沼泽地中，水深有时达 10m，在一些地区长期保持在 6m，全冠耐水淹可达 5～6 个月。对土壤适应性广，能够忍耐极端天气的危害，生长土壤包括黏土、淤泥和沙地，被誉为稀贵的"两栖阔叶乔木"。水桦林主要分布在白夹溪管护站前，于2009年栽种，仅有小面积片林。

3. 刺槐林（Form. *Robinia pseudoacacia*）

该群落在保护区内只发现了两处，一是汉丰湖调节坝下王家湾左侧小山包上，一是金峰镇青橙村三组的山包上。林内除刺槐优势种外，还有构树（*Broussonetia papyrifera*）、桑（*Morus alba*）、华桑（*M. cathayana*）、黄葛树（*Ficus virens* var. *sublanceolata*）、朴树（*Celtis sinensis*）。灌木层有醉鱼草、异叶榕（*Ficus heteromorpha*）。草本植物有贯众（*Cyrtomium fortunei*）、江南卷柏（*Selaginella moellendorffii*）、火炭母、何首乌（*P. multiflorum*）等多种禾草。

4. 旱柳林（Form. *Salix matsudana*）

旱柳林分布在大浪坝西侧。面积约500m²，树高7m左右，密度较大。林下无灌木层。草本层以苍耳（*Xanthium sibiricum*）、鬼针草、小白酒草为主。

5. 枫香树林（Form. *Liquidambar formosana*）

枫香树是金缕梅科、枫香树属落叶乔木，高达30m，胸径最大可达1m，深根性，主根粗长。喜温暖湿润气候，性喜光，幼树稍微耐阴，耐干旱瘠薄土壤，耐一定程度的水涝。澎溪河湿地自然保护区的枫香树林主要是近6年在保护区第一层山脊内实施绿化工程栽种的，目前长势良好，已成为保护区秋季主要的彩叶树种。

（四）竹林

保护区内的竹林大多呈零星小块斑点状分布，多为原有农家房屋周围栽培的。因三峡水库蓄水，居民搬迁，房屋拆除，留下了竹林。竹林盖度大，林下荫蔽，少有其他植物伴生，只是林缘有不少禾本科草本植物。保护区内竹林有4个群系。

1. 慈竹林（Form. *Neosinocalamus affinis*）

慈竹为禾本科、竹亚科、慈竹属丛生竹。主干高5～10m，顶端细长，弧形，弯曲下垂如钓丝状，粗3～6cm。保护区内的慈竹林主要分布在保护区渠口镇以下澎溪河干流两侧的沟谷地带。

2. 斑竹林（Form. *Phyllostachys bambusoides*）

斑竹是禾本科、刚竹属乔木或灌木状竹类植物。竿高可达20m，粗达

15cm，幼竿无毛，无白粉或不易被察觉的白粉，偶可见在节下方具稍明显的白粉环。适生于土层深厚疏松、肥沃、湿润、保水性能良好的沙质土壤。斑竹林主要分布在保护区渠口镇以下澎溪河干流两侧的缓坡地、台地、沟谷地带。

3. 硬头黄竹林（Form. *Bambua rigida*）

硬头黄竹是禾本科、簕竹属植物，竿高5～12m，直径为2～6cm，尾梢略弯拱，下部劲直；节间长30～45cm，无毛，幼时薄被白色蜡粉，竿壁厚1.0～1.5cm。适生于溪河沿岸和低山坡地、沟槽山地及房前屋后、田边地角、坡度在30°以下的地区。保护区内的硬头黄竹林主要分布在保护区渠口镇以下澎溪河干流两侧175m以上的平坝或零星住户的房前屋后。

4. 麻竹林（Form. *Dendrocalamus latiflorus*）

麻竹为禾本科、竹亚科、牡竹属丛生竹，竿高20～25m，直径15～30cm，梢端常下垂或弧形弯曲；节间长45～60cm，幼时被白粉；每丛小竹枝条密集。生长要求土壤疏松、深厚、肥沃、湿润和排水良好。保护区内麻竹林主要分布在青橙村、剑阁楼村区域内的澎溪河、白夹溪河岸海拔175m以上区域。麻竹林为2007年开始由重庆祥桓农业有限责任公司种植的。受干旱、火灾等因素影响，除白夹溪河口处外，其他区域的麻竹长势较差。白夹溪河口处麻竹高8～10m，盖度达100%，林内荫蔽，林下空旷，其他植物较少。

（五）落叶阔叶灌丛

保护区内无大面积灌丛分布。消落带植被以一年生或多年生草本植物为主。陡坡山地多为白茅和人工暖性针叶林（马尾松林、柏木林）占据。常绿灌木很少存在，但落叶灌丛在保护区内有一定分布。

1. 桑、构、小果蔷薇灌丛（Form. *Morus alba*、*Broussonetia papyrifera*、*Rosa cymosa*）

该类灌丛由桑树、构树和小果蔷薇组成，主要分布在马尾松林、柏木林林缘，林间空地以及部分撂荒地的田埂，在保护区内澎溪河干流两侧的坡地均有分布。群落高3～5m，盖度达90%，植物组成除建群种外，苎麻（*Boehmeria nivea*）、苍耳、白茅特别突出，苎麻可高达3m，木质化似灌木。此外，有一些小草本植物分布，如毛蕨、卷柏、蜈蚣草、过路黄、火炭母、水蓼、小白酒草、卷耳、问荆、野古草等。

2. 桑灌丛（Form. *Morus alba*）

桑为桑科、桑属落叶乔木或灌木，高可达15m。树体富含乳浆，树皮呈黄褐色。喜光，幼时稍耐阴。喜温暖湿润气候，耐寒。耐干旱，耐水湿能力强。保护区内的桑灌丛主要为人工栽培。主要分布在渠口镇下游大浪坝处，种植面积约20hm²。

（六）草甸

保护区内除了水体，在低湿地外的陆生植被中，草甸占有最大的面积，几乎所有的消落带和大部分山体都为草甸覆盖。群系较多，有8个群系，但以狗牙根、白茅、苍耳3个群系面积最大。

1. 狗牙根群落（Form. *Cynodon dactylon*）

狗牙根是禾本科、狗牙根属低矮草本植物，秆细而坚韧，下部匍匐地面蔓延生长，节上常生不定根，高可达50cm，秆壁厚，光滑无毛，有时两侧略压扁。其根茎蔓延力很强，多生长于村庄附近、道旁河岸、荒地山坡，为良好的固堤保土植物。狗牙根群落主要分布在消落带海拔145~175m，有的甚至延伸到180m高程。不同样地中，狗牙根群落高度差异较大（10~50cm）。总盖度为80%~100%。随着三峡水库蓄水时间的延长，在消落带多形成单优种群落（孙荣等，2011b；齐代华等，2014），有少量香附子（*Cyperus rotundus*）分布其中。

2. 白茅群落（Form. *Imperata cylindrica* var. *major*）

白茅又叫丝茅草，是禾本科、白茅属多年生草本植物，秆直立，高可达80cm，节无毛。属根茎型禾草，营养繁殖，种子繁殖能力极强。适应性强，耐阴、耐瘠薄和干旱，喜湿润疏松土壤，在适宜的条件下，根状茎可长达3m以上，能穿透树根，断节再生能力强，在保护区内成为分布广、面积大的植物群落。保护区内几乎大多数海拔175m以上区域的退耕还林地都为它所占据，在消落带上部海拔170~175m区域也有分布。群落高达1m，密度大，盖度可达100%。多数地区可为单优种群落，有些地区有伴生种存在，但也是禾草类。

3. 芭茅群落（Form. *Miscanthus floridulus*）

芭茅为禾本科、芒属大型草本植物，丛生型禾草。具发达根状茎。秆高大似竹，高2～4m，无毛，节下具白粉，叶鞘无毛，鞘节具微毛，长于或上部者稍短于其节；叶舌长1～2mm，顶端具纤毛；叶片披针状线形，长25～60cm，宽1.5～3.0cm。生于低海拔撂荒地与丘陵潮湿谷地和山坡或草地。三峡水库175m蓄水前，主要分布在保护区的河滩、河流阶地、缓坡地带。目前，在澎溪河沿岸海拔175m以上的撂荒地有分布。群落中伴有其他大型草本植物，如芒（*Miscanthus sinensis*）、荻（*M. Sacchariflorus*）。群落高可达3m，植株四周有小草本植物，多为禾草植物。

4. 苍耳群落（Form. *Xanthium sibiricum*）

苍耳是菊科、苍耳属一年生草本植物，高可达90cm。根呈纺锤状，茎下部呈圆柱形。总苞具钩状的硬刺，常贴附于家畜和人体上，故易于散布。常生长于平原、丘陵、低山、荒野路边、田边。广泛分布在保护区消落带内，特别是在消落带内坡度平缓、排水良好的区域呈明显的带状分布。群落高度为150～175cm，总盖度为85%～90%。苍耳最高可达240cm。样方内苍耳密度变化较大，少至几株，多可达几十株以上。伴生种主要有双穗雀稗、狗牙根。偶见种为藜、节节草（*Equisetum ramosissimum*）、喜旱莲子草（*Alternanthera philoxeroides*）、鳢肠（*Eclipta prostrata*）、青葙（*Celosia argentea*）、紫苏（*Perilla frutescens*）等。

5. 双穗雀稗群落（Form. *Paspalum paspaloides*）

双穗雀稗是禾本科、雀稗属多年生草本植物。匍匐茎横走，粗壮，长可达1m，向上直立部分高20～40cm，节生柔毛。常生于田边路旁。在保护区内主要分布在消落带地势低洼积水的区域。群落高度为40～50cm，总盖度为70%～90%。伴生种主要有萤蔺（*Scirpus juncoides*）、酸模叶蓼、空心莲子草、狗牙根。偶见种为积雪草（*Centella asiatica*）、青葙、牛筋草（*Eleusine indica*）、青蒿（*Artemisia carvifolia*）、苍耳。

6. 钻叶紫菀群落（Form. *Aster subulatus*）

钻叶紫菀是菊科、紫菀属一年生草本植物，高可达150cm。主根呈圆柱状，向下渐狭，茎单一，直立，茎和分枝具粗棱，光滑无毛。生长在山坡灌丛中、草坡、沟边、路旁或荒地。在保护区内，仅见于白夹溪青峰村溪流边约150m水位处，高1.0m，盖度为60%～80%。伴生种有水蓼、空心莲子草、尼泊尔蓼等。

7. 酸模叶蓼群落（Form. *Polygonum lapathifolium*）

酸模叶蓼是蓼科、蓼属一年生草本植物。高可达90cm。茎直立，无毛，节部膨大。酸模叶蓼群落见于汉丰湖水位调节坝下游澎溪河和白夹溪老土地湾附近，长势良好，高约1.4m，盖度>80%，伴生种有双穗雀稗、狗牙根、喜旱莲子草等。

8. 硬秆子草群落（Form. *Capillipedium assimile*）

硬秆子草为禾本科、细柄草属多年生亚灌木状草本植物。坚硬似小竹，多分枝，分枝常向外开展而将叶鞘撑破。多见于汉丰湖调节坝下澎溪河两岸海拔175m以上坡度较大、含水率较低的区域。优势种硬秆子草高1.5m，盖度约为80%，伴生种有接骨草（*Sambucus chinensis*）、白茅、苍耳等。

三、水生植被

水生植被是澎溪河湿地自然保护区的重要植被类型，是湿地生态系统生物多样性的重要组成部分（中国湿地植被编辑委员会，1999）。保护区水生植被类型按《中国水生杂草》提出的水生植被及其群落类型进行划分（刁正俗，1990）。保护区内，水生植被有3个植被型、14个群系，主要分布在海拔145～175m的消落带区域，部分分布在海拔175m以上的小型库塘、溪流、水田中。

（一）挺水植物群落

挺水植物是指根或根茎生于水底淤泥中，茎和叶挺出水面以上的水生植物。植物体一般为大型，茎、叶较高或较长，种群呈块状分布。挺水植物群落是以挺水植物为优势种组成的群落，包括从生长在近岸水域和沼泽化环境过渡到陆生环境生长的湿生植物群落。澎溪河湿地自然保护区内的主要湿生、水生植物群落为挺水植物群落。

1. 长苞香蒲群落（Form. *Typha domingensis*）

长苞香蒲是香蒲科、香蒲属植物，多年生水生或沼生草本植物。地上茎直立、粗壮，高1.5～2.0m，叶呈条形，灰白色或黄绿色，长48～164cm，宽0.4～1.2cm，上部扁平。多生长于湖泊、河流、池塘浅水处，沼泽、沟渠亦常见。分布在大浪坝中部农民迁移，稻田弃耕后的浅水田内，镶嵌于大面积的白茅群落之中。为单优种群落，高1.5m，盖度达80%。群落边缘伴生圆叶节节草（*Rotala rotundifolia*）、问荆（*Equisetum arvense*）、灯心草（*Juncus effusus*）、北水苦荬（*Veronica anagallisaquatica*）等。

2. 萤蔺群落（Form. *Scirpus juncoides*）

萤蔺为莎草科、蔗草属多年生草本植物。丛生，高20～30cm，根状茎短，具许多须根。秆稍坚挺，圆柱状，少数近于有棱角。生长在路旁、荒地潮湿处，或水田边、池塘边、溪旁、沼泽中。在保护区内，见于白夹溪老土地湾，优势种为萤蔺。群落高度为40～50cm，总盖度为75%～90%。萤蔺高度为60～80cm，盖度为30%～50%。伴生种主要有水蓼、田字萍、喜旱莲子草、双穗雀稗。偶见种为稗、眼子菜、蔗草、紫菀。

3. 水蓼群落（Form. *Polygonum hydropiper*）

水蓼是蓼科、蓼属一年生草本植物，高可达70cm。茎直立，多分枝，叶片呈披针形或椭圆状披针形。生长在海拔50～3500m的河滩、水沟边、山谷湿地。在保护区内分布于汉丰湖调节坝下澎溪河两岸地势平缓低洼的消落带区域，也见于白夹溪老土地湾。水蓼群落高度为40cm，总盖度为25%。伴生种主要有苋菜、青葙。

4. 菰群落（From. *Zizania latifolia*）

菰是禾本科、菰属多年生浅水草本植物，具匍匐根状茎。秆高大直立，高1～2m，直径约为1cm，具多数节，基部节上生不定根。宜生长于水源充足、灌水方便、土层深厚松软、土壤肥沃、富含有机质、保水保肥能力强的黏壤土或壤土。在保护区内，主要分布于老土地湾，种植于基塘系统内。

5. 慈姑群落（From. *Sagittaria trifolia*）

慈姑是泽泻科多年生草本植物，根状茎横走，较粗壮，末端膨大或否。

挺水叶呈箭形，叶片长短、宽窄变异很大。地下有球茎，黄白色或青白色，以球茎作蔬菜食用。生于湖泊、池塘、沼泽、沟渠、水田等水域。性喜温湿及允足阳光，适于黏土上生长。在保护区内主要分布于老土地湾，种植于基塘系统内。

6. 莲群落（From. *Nelumbo nucifera*）

莲是莲科、莲属多年生挺水草本植物，根状茎横生，肥厚，节间膨大，内有多数纵行通气孔道，节部缢缩，上生黑色鳞叶，下生须状不定根。叶圆形，盾状，直径为25～90cm。花色丰富，主要有红色、白色、绿色、黄色等，花型主要有单瓣、多瓣、重瓣和千瓣。主要生长在湖泊、河滩等浅水地带。在保护区内，主要分布于白夹溪老土地湾、管护站前和大浪坝，其中老土地湾沟口为三峡水库蓄水前当地农民人工种植，其他均为2009年人工种植在消落带的基塘系统内的，耐淹能力极强，经历了十余年冬季深水淹没，目前仍然长势良好。

7. 荸荠群落（From. *Eleocharis dulcis*）

荸荠是莎草科、荸荠属植物，秆多数丛生，直立，圆柱状，高15～60cm，直径为1.5～3.0mm，有细长的匍匐根状茎，在匍匐根状茎的顶端生块茎。主要分布在池沼、滩涂等低洼地带。在保护区内，主要分布于白夹溪老土地湾，为消落带基塘系统内人工种植，耐淹能力强。

8. 水生美人蕉群落（From. *Canna glauca*）

水生美人蕉是一种球根草本植物。根茎延长，株高1.5～2.0m；茎绿色。叶片披针形；具有茎叶茂盛、花色艳丽、花期长、耐水淹、可在陆地生长的优点，在雨季丰水期和旱季枯水期都能安然无恙。为人工栽培，主要集中分布在白夹溪老土地湾，是在消落带湿地生态恢复中栽种的植物。

（二）漂浮植物群落

该类型的植物茎、叶、漂浮在水面，根在水中，生长繁殖极快，常成团、成块地密集生长，形成单种群落。浮萍、满江红等漂浮植物群落常分布于池塘、稻田和库湾积水坑中，因其个体微小，不适于大水面、多风浪的环境。常常形成多种浮萍的混生群落，在背风静水池内繁殖极快，密集覆盖全水面。该类型在保护区内有3个群系。

1. 满江红群落（Form. *Azolla imbricata*）

满江红是满江红科、满江红属蕨类植物。植物体呈卵形或三角状，根状茎细长横走，侧枝腋生，假二歧分枝，向下生须根。叶小如芝麻，互生，无柄，覆瓦状排列成两行，叶片深裂分为背裂片和腹裂片两部分，背裂片长圆形或卵形，肉质呈绿色，但在秋后常变为紫红色。满江红生长温辐宽、繁殖速度快、产量高、适应能力强，漂浮于水面，常见于稻田、内湖、池塘、水库。因其与固氮藻类共生，故能固定空气中的游离氮。保护区内多有发现，主要分布于保护区175m海拔以上的水塘和一些水田。

2. 浮萍群落（Form. *Lemna minor*）

浮萍是浮萍科、浮萍属漂浮植物。叶状体对称，表面绿色，背面浅黄色或绿白色或常为紫色，近圆形、倒卵形或倒卵状椭圆形。喜温气候和潮湿环境，生长于水田、池沼或其他静水水域，常与紫萍混生，形成密布于水面的漂浮群落。在保护区内，主要分布于175m海拔以上的水塘和一些水田。

3. 凤眼蓝群落（Form. *Eichhornia crassipes*）

凤眼蓝为雨久花科、凤眼蓝属浮水草本植物，又名水葫芦、凤眼莲。须根发达，棕黑色。茎极短，匍匐枝呈淡绿色。叶在基部丛生，呈莲座状排列；叶片圆形，表面深绿色；叶柄长短不等，内有许多多边形柱状细胞组成的气室。喜欢温暖湿润、阳光充足的环境，适应性也很强，喜欢生于浅水中，在流速不大的水体中也能够生长，随水漂流。繁殖迅速。开花后，花茎弯入水中生长，子房在水中发育膨大。是危害严重的入侵植物。在保护区内，零星分布在一些水塘中，如保护区内的葫芦坝西边水塘等地有分布。

（三）沉水植物群落

沉水植物是指根、茎、叶均在水面下生长的根着土的植物，全株具有水生植物的显著特征，在静水、流水中都可存在。保护区内有3个群系。

1. 菹草群落（Form. *Potamogeton crispus*）

菹草为眼子菜科、眼子菜属多年生沉水草本植物，具近圆柱形的根茎。茎稍扁，多分枝，近基部常匍匐地面，于节处生出疏或稍密的须根。叶呈条形，无柄，长3~8cm，宽3~10mm。生于池塘、湖泊、溪流中，在静水池塘或沟渠中较多，水体多呈微酸至中性。分布在保护区内的河流、溪沟、塘库，如白夹溪、普里河、澎溪河两岸的小溪流及各阶地上的塘库。

2. 金鱼藻群落（Form. *Ceratophyllum demersum*）

金鱼藻是金鱼藻科、金鱼藻属多年生沉水性草本植物。全株暗绿色。茎细柔，有分枝。叶轮生，每轮6~8叶；无柄；叶片2歧或细裂，裂片呈线状，具刺状小齿。生长于小湖泊静水处，以及池塘、水沟等处。在保护区内分布在白夹溪老土地湾，群落建群种为金鱼藻，伴生种常见有菹草、狐尾藻、眼子菜科等沉水植物，有时表面漂浮有浮萍、满江红等浮水植物。

3. 眼子菜群落（Form. *Potamogeten* spp.）

眼子菜为眼子菜科、眼子菜属多年生沉水草本植物。茎细弱，线状，叶呈线形或丝状。生于池塘、沼泽或沟渠中。在保护区内，眼子菜有多种，如小叶眼子菜、眼子菜（*P. distinctus*）、篦齿眼子菜（*P. pectinatus*）等。眼子菜俗称水案板，是水稻田的常见杂草，保护区内形成的群落以篦齿眼子菜居多，特别是在澎溪河上游分布较多。除眼子菜植物外，其他植物很少，有时伴生菹草。

第四节　消落带植物群落及变化

一、调查方法

野外调查取样主要在澎溪河及其支流白夹溪沿岸海拔145~175m进行，重点针对消落带植物进行调查分析。调查时间为2008~2018年，主要在每年夏季进行。沿河流侧向空间梯度，即垂直于河岸的方向，从海拔145m到海拔180m，海拔每升高5m，设置1个采样断面。在每个采样断面上，选取代表性样地进行样方调查，草本群落样方面积为1m×1m，灌丛样方面积为5m×5m。调查记录植物种类、数量、高度、盖度等群落数量指标。

二、2008年消落带植物群落及多样性

2008年，在澎溪河湿地自然保护区内的消落带共调查到98种高等维管植物，分属38科30属。物种数目较多的科为禾本科、莎草科、菊科、蓼科、伞形科、玄参科等。其中，禾本科物种数量最多，占本次调查总物种数目的17.4%；莎草科占10.0%，菊科占9.2%，蓼科占6.1%，其余各科物种所占比例均低于5.0%。在98种植物中，一年生植物比例最高，占52.0%，隐芽植物占31.6%，地面芽植物占15.3%。高位芽植物数量最少，仅有白苞蒿一种。水生、湿生植物物种丰富，合计52种，占高等维管植物总种数的53.1%。

2006年，三峡水库完成156m蓄水，由此形成了11m落差的消落带。沿澎溪河河流横向空间梯度调查区域内植物群落，可分为4个植物带。

（1）河漫滩一年生草本植物带：位于消落带最低水位线（145m）的河漫滩上。植被以一年生草本植物为主，如青葙、水蓼、酸模等。植物密度、盖度均较低。主要植物群落有水蓼群丛、酸模-香附子群丛。

（2）苍耳带：分布在河岸一级阶地和二级阶地地之间的坡坎上，呈带状分布，带宽5～30m。苍耳密度在30株/m² 左右。

（3）双穗雀稗带：主要分布在河岸二级阶地的地势低洼处，分布面积较大。优势群落为双穗雀稗群丛，此外还有成斑块状分布的藨草-双穗雀稗群丛、宽叶香蒲群丛、空心莲子草群丛、萤蔺群丛。

（4）白茅带：广泛分布在海拔156m以上的撂荒旱地内。主要植物群落为白茅群丛。在白茅群丛边缘，有白茅-小白酒草群丛分布。

水位变化控制着植物群落的生长和分布。三峡水库自156m蓄水后，消落带内原来的陆生生态系统转变成湿地生态系统，生态系统水文过程与土壤水分分布格局发生了很大变化。沿河流横向空间梯度，澎溪河消落带内植物依次出现河漫滩一年生草本植物带、苍耳带、双穗雀稗带、白茅带4个植物带。退水后，土壤含水率的变化及分布格局对消落带植物的带状分布有较大影响（孙荣等，2011a；Wang et al，2014）。

三峡水库退水后，在156m以下的地势平坦区域，土壤为保水能力能很强的黄棕壤，有机质含量高，因此形成了大片积水洼地。0～5cm层和5～10cm层土壤含水率分别为22.5%±7.3%和21.5%±4.2%，与河漫滩土壤以及156m以

上的摞荒旱地土壤含水率差异显著。土壤含水率的增加为湿地植物的生长提供了良好的环境。双穗雀稗群丛成为澎溪河消落带内分布最广、面积最大的植物群落。

澎溪河河漫滩底质以砂石为主。退水后，土壤水分丧失快，土壤含水率最低。同时由于基质不稳，植物以一年生草本为主，植被稀疏，盖度低。澎溪河河岸一级阶地和二级阶地之间的土壤以沙土为主，排水良好，0~5cm层和5~10cm层的土壤含水率分别为17.83%±1.57%和16.40%±1.14%。苍耳成为河岸一级阶地和二级阶地之间坡坎上的优势物种。在澎溪河河岸海拔156m以上的摞荒旱地中，0~5cm层和5~10cm层土壤含水率分别为11.25%±1.93%和10.85%±1.80%。由于土壤含水率低、光照充足，白茅在156m以上的摞荒旱地内迅速蔓延，成为优势种。

水文过程对湿地物种组成和多样性的影响具有两面性。水文周期常常会决定这种影响的性质（限制或促进）。三峡水库156m蓄水期间，水位>150m的时间长达半年。长期的水淹必然会选择耐淹物种，排除不耐淹物种，同时降低植物物种多样性。本次调查中发现，52种水生、湿生植物占总物种数的53.1%。在4个植被带中，双穗雀稗带和河漫滩一年生草本植物带物种多样性最高，但是一年生草本植物带植物密度、盖度均低。在苍耳带中，苍耳植株高、盖度大、数量多，优势度显著，抑制了其他植物的生长。在白茅带中，白茅根深，地下茎节发达，繁殖蔓延和生长能力强，植株密度高，其他植物难以生长，常常出现白茅单种群落。因此，苍耳带和白茅带的物种多样性相对较低。总体上看，澎溪河消落带内植物群落的物种丰富度和多样性较低（孙荣等，2010）。

三、2018年消落带植物群落及多样性

2018年，在澎溪河湿地自然保护区内的消落带共调查记载有维管植物44科125属150种，其中蕨类植物4科4属4种，种子植物40科121属146种。消落带的木本植物分布极少，主要分布在大浪坝和白夹溪海拔165~175m区域，主要是在消落带生态恢复区域进行的人工种植；蕨类植物在消落带维管植物中所占比例极低。优势科以菊科、禾本科、莎草科3科的植物种类最多。澎溪河消落带含有高比例的单科、单属、单种的科，是该区域物种组成较复杂

的表现之一，消落带植物的种类组成较脆弱，表明了消落带环境的剧烈变化对该区域植物区系组成的显著影响。生长型以草本植物为主；生活型以一年生草本植物为主；旱生植物和湿生植物是该区的主要成分（张爱英等，2018）。

消落带植物群落物种丰富度和植物多样性指数与海拔呈显著正相关关系（陈忠礼等，2012）。调查发现，在低海拔区（150～155m）平均每个样方包含2～3种植物，中海拔区（155～165m）平均每个样方包含4～5种植物，而在高海拔区（165～175m）平均每个样方包含7～8种植物。总盖度随海拔升高有一定的降低趋势，但变化不显著。调查发现，在145～165m海拔区，植物群落总盖度均较大，而从170m开始减小，在175m附近盖度最小。地上生物量与海拔无显著相关关系，这是因为低海拔区以狗牙根群落为主，狗牙根群落密度极高，盖度大，生物量较高（谭淑端等，2009）；中高海拔区的苍耳、狼杷草、草木犀（*Melilotus officinalis*）等植物群落虽然密度低，盖度小，但植株高大，也使得生物量较高。

消落带植物优势种沿海拔的分布格局为，狗牙根（*Cynodon dactylon*）在150～170m高程区的出现频率与重要值均最大，而在170～175m的出现频率与重要值也较大，说明狗牙根是消落带的绝对优势物种。稗（*Echinochloa crusgalli*）的出现频率与重要值在150～165m高程区均较大，可见稗主要分布在海拔150～165m区域。同理可以发现，苍耳主要分布在155～175m高程区，狼杷草（*Bidens tripartita*）在165～175m高程区的分布较多。在170～175mm高程区，狗尾草（*Setaria viridis*）、小白酒草、草木犀等植物的出现频率和重要值相对较大，说明该区域是一年生旱生草本植物的主要分布区。物种丰富度在145～150m高程区最低，170～175m高程区最高，由此可知消落带植物群落物种丰富度随着海拔升高而增加（童笑笑等，2018；雷波等，2014）。

物种多样性对生态系统的稳定起着重要作用，尤其是在受强烈干扰的地区。在三峡水库高水位蓄水10年后，澎溪河湿地自然保护区的消落带受水淹（淹水深度和淹水时间）、温度等因素的影响，消落带植物的丰富度、多样性、群落结构和分布格局也发生了相应改变。澎溪河消落带植物群落各指标在不同海拔上存在明显差异，消落带植物群落物种丰富度和植物多样性指数与海拔呈显著正相关关系。在175m左右高程区，植物物种最丰富，多样性也较高，表明消落带植物群落物种随着海拔的升高而增多，物种多样性随之增加。总盖度随海拔升高有一定的降低趋势，但变化不显著，地上生物量与海拔无显著相关关系。植物优势种沿海拔的分布呈现一定的规律，狗牙根在消落带各个高程区均广泛分布，但集中分布于海拔165m以下区域，苍耳分布于155～170m高程区，狼杷草主要分布于160～175m高程区，而170～175m高程区主要分布有小白酒草、狗尾草等一年生旱生草本植物。消落带低海拔区虽然植物丰富度较小，植物群落组成单一，但稳定性相对较高，这主要是在长时间深水淹没环境下，除极耐水淹的少数物种能够存活（如狗牙根）并形成稳定群落外，其他植物都很难定居所致。中高海拔区水淹胁迫较小，一些生长于消落带下部的不耐淹物种会向上迁移，加之海拔175m以上区域种质资源库中的植物种子扩散，最终导致消落带植物群落的丰富度和多样性随着海拔的升高而增加。三峡水库消落带在经受长期反复淹水后，植物群落在消落带出露期间能够得到较好的恢复，且生长逐渐趋于稳定。

澎溪河湿地自然保护区内消落带海拔越高，淹水时间越短，出露也越早。消落带在2～5月逐渐出露，植物也沿海拔由高到低逐渐萌发生长，但在出露初期还未到植物生长期，植物恢复生长较缓慢。各物种在4～5月对消落带生境空间及养分的竞争最为激烈，只有最适宜消落带水位变化的物种会存活下来，并于5～6月水热同期最适宜植物生长时爆发生长为消落带优势植物群落。消落带上部的植物群落因为淹水时间较短，其淹水时期又处于冬季，可以认为三峡水库周期性淹水对其干扰很小，故澎溪河消落带上部多为入侵能力较强的旱生杂草群落分布。

第五节　资　源　植　物

一、药用植物

澎溪河湿地自然保护区约有药用植物236种，占种总数的25.74%。其中，蕨类植物33种、裸子植物6种、单子叶植物24种、双子叶植物约173

种。民间常见用药植物有笔管草、海金沙、蕨、杠板归、土荆芥、土人参、川楝、八角枫、紫金牛、车前、千里光、马兰（鱼鳅串）、灯心草、土茯苓、山姜等。常用中药或中成药植物有银杏、金荞麦、枫香、杜仲、枇杷、金樱子、葛、巴豆、忍冬（金银花）、喜树、绞股蓝、苍耳、薯芋、香附子、薏苡等。

二、野生观赏植物

这里的观赏植物是指自然野生的观赏植物。在保护区内，野生植物中有一定观赏价值或驯化培育价值的有108种，占总种数的11.78%。观赏植物分为观形或观叶植物、观花植物及观果植物。观形或观叶植物有华南紫萁、乌蕨、井口边草、蜈蚣草、灯心草、水杉等；观花植物有红蓼、金樱子、醉鱼草、鸭跖草等；观果植物有商陆、火棘、野鸦椿、紫金牛等。

三、野生食用植物

野生食用植物是指自然野生、尚未被人们驯化栽培，或少数已为人类栽培，但在保护区内没有栽培的植物。保护区野生食用植物有56种，占种总数的6.11%，可分为野生蔬菜（含嫩尖、地下茎）类、淀粉（含干果、块根、块茎）类、野果类、调味品类等4类。4类野生食用植物中以野生蔬菜最多，包括蕨、蕺菜、马齿苋、荠菜、碎米荠、麻竹笋等。淀粉类（含干果）食用植物包括板栗、火棘、野葛、菱角等。

四、其他资源植物

其他资源植物包含了多种资源植物类型，只是每类种类较少，所以总归为其他资源植物，如油脂类、纤维类、单宁类、植物色素、指示植物等。保护区内工业用原料植物有43种，约占总种数的4.69%，如油桐、乌桕属于油脂植物；壳斗科植物的壳斗、化香树的果实、盐肤木的五倍子是单宁的原料；瑞香科植物、桑科植物、荨麻科植物、丛毛羊胡子草等都是很好的纤维植物；桤木、满江红是优良的固氮植物；笔管草是工业上的打磨材料；石松孢粉是工业分型剂和散光剂；蜈蚣草是钙质土；芒萁是酸性土的典型指示植物。

第五章　底栖无脊椎动物

底栖动物（zoobenthos）是指生活史的全部或大部分时间生活于水体底部的动物群。除定居和活动生活的外，底栖动物栖息的形式多为固着于岩石等坚硬的基体上和埋没于泥沙等松软的基底中。此外，还有附着于植物或其他底栖动物体表的。底栖无脊椎动物是一个庞杂的生态类群，其所包括的种类及其生活方式较浮游动物复杂得多（任海庆等，2015）。底栖无脊椎动物栖息在水底或附着在水生植物和石块上，主要有环节动物、软体动物和节肢动物，其活动能力差，分布广。底栖无脊椎动物是湿地生态系统的重要组成部分，在物质循环和能量流动中起着极其重要的作用，其繁殖、种类组成和现存量在不同湿地类型中存在着明显的差异，研究底栖无脊椎动物对了解湿地生态系统的结构和功能具有重要意义。

第一节　调查方法

调查共设置了3个底栖无脊椎动物采样断面，各断面分别位于澎溪河湿地自然保护区上游水位调节坝下、渠口镇断面、白夹溪河口。在每个断面处选择3个代表性样点进行大型底栖无脊椎动物的定量调查。各样点采用$1/16m^2$彼德森采泥器，对每个样点采集3次以上；对于定性采集，主要使用抄网、拖网结合石块随机翻检，将发现的大型底栖无脊椎动物采集后一并带回鉴定（王强等，2012）。用0.5mm孔目套筛进行淘洗，将获取的底栖无脊椎动物标本装入塑料瓶中，加75%的乙醇杀死固定，带回室内进行鉴定。鉴定完毕后，用滤纸吸干底栖无脊椎动物体表水分，用万分之一天平称量。

第二节 种 类 组 成

澎溪河湿地自然保护区现有大型底栖无脊椎动物4门7纲15目39科47属51种（表5-1，表5-2）。其中，节肢动物种类最丰富，有2纲8目25科28属28种，占底栖无脊椎动物总种数的54.90%，其中昆虫有6目20科22属22种，占底栖无脊椎动物总种数的43.14%；其次种类数较多的为软体动物，有17种，占底栖无脊椎动物总种数的33.33%；环节动物有5种，占底栖无脊椎动物总种数的9.80%；扁形动物最少，仅1纲1目1科1属1种，占底栖无脊椎动物总种数的1.96%。

表5-1 澎溪河湿地自然保护区底栖无脊椎动物种类

目	科	种
三肠目（Tricladida）	三角头涡虫科（Dugesiidae）	日本三角头涡虫（*Dugesia japonica*）
近孔寡毛目（Plesiopara）	仙女虫科（Naididae）	参差仙女虫（*Nais variabilis*）
		指鳃尾盘虫（*Dero digitata*）
	颤蚓科（Tubificidae）	苏氏尾鳃蚓（*Branchiura sowerbyi*）
		颤蚓（*Tubifex* sp.）
吻蛭目（Rhynchobdellida）	舌蛭科（Glossiphoniidae）	腹平扁蛭（*Glassiphonia complanata*）
中腹足目（Mesogastropoda）	田螺科（Viviparidae）	中华圆田螺（*Cipangopludina cathayensis*）
		中国圆田螺（*Cipangopaludina chinensis*）
		胀肚圆田螺（*C. ventricosa*）
		铜锈环棱螺（*Bellamya aeruginosa*）
	瓶螺科（Ampullariidae）	大瓶螺（*Ampullaria gigas*）
	豆螺科（Hydrobiidae）	赤豆螺（*Bithynia fuchsiana*）
		长角涵螺（*Alocinma longicornis*）
	黑螺科（Melaniidae）	方格短沟蜷（*Semisulcospira cancellata*）
基眼目（Basommatophora）	椎实螺科（Lymnaeidae）	折叠萝卜螺（*Radix plicatuta*）
		卵萝卜螺（*R. ovata*）
		小土蜗（*Galba pervia*）

续表

目	科	种
基眼目（Basommatophora）	扁卷螺科（Planorbidae）	尖口圆扁螺（*Hippeutis cantori*）
		半球多脉扁螺（*Polypylis hemisphaerula*）
	膀胱螺科（Physidae）	泉膀胱螺（*Physa fontinalis*）
异柱目（Anisomyaria）	贻贝科（Mytilidae）	湖沼股蛤（*Limnoperrna lacustris*）
真半鳃目（Eulamellibran）	蚌科（Unionidae）	背角无齿蚌（*Anadonta woodiana*）
	蚬科（Corbiculidae）	河蚬（*Corbicula fluminea*）
端足目（Amphipoda）	钩虾科（Gammaridae）	钩虾（*Gammarus* sp.）
十足目（Decapoda）	长臂虾科（Palaemonidae）	日本沼虾（*Macrobrachium nipponense*）
		中华小长臂虾（*Palaemonetes sinensis*）
	匙指虾科（Atyidae）	锯齿新米虾（*Neocaridina denticulata*）
	华溪蟹科（Sinopotamidae）	华溪蟹（*Sinopotamon* sp.）
	溪蟹科（Potamidae）	溪蟹（*Potamon* sp.）
蜉蝣目（Ephemeroptera）	四节蜉科（Baetidae）	二翼蜉（*Cloeon dipterum*）
	二尾蜉科（Siphlonuridae）	二尾蜉（*Siphlonurus* sp.）
	扁蜉科（Heptageniidae）	扁蜉（*Ecdyrus* sp.）
	小蜉科（Ephemerellidae）	小蜉（*Ephemerella* sp.）
蜻蜓目（Odonata）	蟌科（Coenagrionidae）	蟌（*Coenagrion* sp.）
	蜓科（Aeschnidae）	巨圆臂大蜓（*Anotogaster sieboldii*）
	蜻科（Libellulidae）	褐顶赤蜻（*Sympetrum infuscatum*）
半翅目（Hemiptera）	蝎蝽科（Nepidae）	螳蝽（*Ranatra chinensis*）
	田鳖科（Belostomatidae）	大负子虫（*Sphaerodema rustica*）
	划蝽科（Corixidae）	小划蝽（*Sigara substriata*）
	仰泳蝽科（Notonectidae）	小榜鬼（*Anisopos niveus*）
鞘翅目（Coleoptera）	龙虱科（Dytiscidae）	灰龙虱（*Eretes sticticus*）
		真龙虱（*Cybister* sp.）
	牙甲科（Hydrophilidae）	牙虫（*Hydroplilus* sp.）
	沼梭科（Haliplidae）	沼梭甲（*Peltodytes* sp.）
毛翅目（Trichoptera）	多距石蛾科（Polycentropodidae）	低头石蚕（*Neureclipsis* sp.）
	网栖石蛾科（Hydropsychidae）	纹石蚕（*Hydropsyche* sp.）
双翅目（Diptera）	虻科（Tabanidae）	虻（幼虫）（*Tabanus* sp.）
	大蚊科（Tipulidae）	大蚊（幼虫）（*Tiplua* sp.）
	毛蠓科（Psychodidae）	毛蠓（幼虫）（*Psychoda* sp.）

续表

目	科	种
双翅目（Diptera）	摇蚊科（Tendipedidae）	粗腹摇蚊（幼虫）（*Pelopia* sp.）
		摇蚊（幼虫）（*Chironomus* sp.）

表5-2 澎溪河湿地自然保护区底栖无脊椎动物种类组成

门	纲	目数	科数	属数	种数	占总种数百分比/%
扁形动物门	涡虫纲	1	1	1	1	1.96
环节动物门	寡毛纲	1	2	4	4	7.84
	蛭纲	1	1	1	1	1.96
软体动物门	腹足纲	2	7	10	14	27.45
	瓣鳃纲	2	3	3	3	5.88
节肢动物门	甲壳纲	2	5	6	6	11.77
	昆虫纲	6	20	22	22	43.14
合计		7	15	39	47	51	100.00

第三节　生　态　类　群

保护区内底栖无脊椎动物生态类群可划分为4类。

一、流水卵石滩类群

该类群的特点是水体流动、水浅、光照好、溶解氧高。底质为卵石，或卵石夹沙，石下有大量的空间供底栖无脊椎动物生存，水流为它们带来丰富的有机碎屑和溶解氧。底栖无脊椎动物以蜉游目、毛翅目的稚虫或幼虫为主。

二、沙质底类群

这种类型的底质在保护区中也普遍存在，但面积大的地方不多，多呈小块状分布，生活的种类主要是软体动物中的蚬类和蚌类，部分椎实螺科的种类也在此生活，相比其他生态环境来讲，此种环境种类贫乏。

三、石盘类群

岸边或底质全由岩石构成，坚硬，有的形成巨砾，石间有较大的空间，有时水较深。这种生境不仅为流水生活的种类提供了生存条件，更为虾、蟹等较大型的底栖无脊椎动物提供了良好的生活环境。

四、泥沙底类群

这种生境在保护区内分布非常广泛，最典型的是支流、溪沟汇入水库之处，该处底质疏松，有机物丰富，为水生寡毛类动物、摇蚊幼虫等生存提供了良好的生活环境。

调查表明，澎溪河湿地自然保护区上游水位调节坝的建设，对底栖无脊椎动物的物种数、密度和生物量有一定的影响。水位调节坝建成后，底栖无脊椎动物生境发生了变化，坝上形成静水生境，坝下形成减水段，在三峡水库水位夏季出露期，使得澎溪河河流浅滩、深潭连续生境遭到一定程度的破坏。河段底栖无脊椎动物种类由需氧量较大的蜉蝣目、毛翅目等水生昆虫向需氧量较低的摇蚊幼虫类转变。

第六章 鱼 类

鱼类是脊索动物门中种数最多的一类，终生在水中生活，以鳃呼吸，用鳍运动并维持身体平衡，听觉器只有内耳，多数体被鳞片，身体温度随环境变化，是变温动物。大部分鱼类在淡水中生活。影响鱼类地理分布的因素很多，包括盐度、温度、水深、含氧量、营养盐、光照、地形、底质、食物资源量与食物链结构等。鱼类是湿地生态系统重要的物种类群。澎溪河是位于长江北岸的一级支流，为典型的山地河流，鱼类资源丰富，长江上游特有鱼类众多（丁庆秋等，2015；任玉芹等，2012）。三峡水库蓄水后，澎溪河开州城区以下河段，从以前的河流生态系统逐步向水库型生态系统演变，澎溪河成为库区淹没面积最大、消落带面积最广的一级支流，其生态环境变化直接影响到鱼类的分布和生存状况。

第一节 调 查 方 法

采用定性采集、渔市调查与随访相结合的方法，在澎溪河湿地自然保护区上游水位调节坝下、渠口断面水域、白夹溪河口设置3个采样断面，进行鱼类调查。调查沿河捕鱼、钓鱼者所捕获的鱼类，记录种类组成、数量、重量等。对开州城区、渠口镇、厚坝镇、金峰镇等部分农贸市场、饭店库存的澎溪河鱼类种类和数量进行调查和统计。通过实地考察和对渔民的调查访问，以及河流地貌、水流、水深等水文特征，了解鱼苗出现的河段，确定鱼类越冬场、产卵场和索饵场。对采集到的标本，根据相关分类鉴定文献，进行种类鉴定。同时，收集调查开州区渔政站的相关材料，综合保护区鱼类资源本底现状，统计鱼类的组成，分析资源现状，分析鱼类种群结构和群落结构及相互关系；分析鱼类形态结构、觅食习性、繁殖行为等对水域环境的适应。

第二节　种类组成及生态类群

一、种类组成及区系

澎溪河湿地自然保护区内有鱼类7目17科52属73种（表6-1）。保护区鱼类占重庆市鱼类种类数的34.76%，其中，鲤形目鱼类在种类上居于明显优势，达51种，其次是鲇形目，共12种。就科而言，鲤科鱼类数量最多，有36种，占保护区鱼类总种数的49.32%；其次是鳅科有12种，占16.44%（图6-1）。

表 6-1　澎溪河湿地自然保护区鱼类种类名录

目	科	属	种	保护级别	备注
鲤形目（Cypriniformes）	鲤科（Cyprinidae）	鲢属（Zacco）	宽鳍鲢（Zacco platypus）		
		马口鱼属（Opsariichthys）	马口鱼（Opsariichthys bidens）		
		青鱼属（Mylopharyngodon）	青鱼（Mylopharyngodon piceus）		
		草鱼属（Ctenopharyngodon）	草鱼（Ctenopharyngodon idellus）		
		𬶋属（Hemiculter）	𬶋（Hemiculter leucisulus）		
			贝氏𬶋（H. bleekeri）		
		鳑鲏属（Rhodeus）	彩石鳑鲏（Rhodeus lighti）		
			高体鳑鲏（R. ocellatus）		

续表

目	科	属	种	保护级别	备注
鲤形目（Cypriniformes）	鲤科（Cyprinidae）	鳑鲏属（*Rhodeus*）	中华鳑鲏（*R. sinensis*）		
		倒刺鲃属（*Spinibarbus*）	中华倒刺鲃（*Spinibarbus sinensis*）		
		结鱼属（*Tor*）	瓣结鱼（*Tor brevifilis*）		
		光唇鱼属（*Acrossocheilus*）	宽口光唇鱼（*Acrossocheilus monticola*）		▲
		泉水鱼属（*Semilabeo*）	泉水鱼（*Semilabeo prochilus*）		
		突吻鱼属（*Varicorhinus*）	粗须铲颌鱼（*Varicorhinus barbatus*）		
			多鳞铲颌鱼（*V. macrolepis*）		
		白甲鱼属（*Onychostoma*）	白甲鱼（*Onychostoma sima*）		
			小口白甲鱼（*O. lini*）		
		鲻属（*Hemibarbus*）	唇鲻（*Hemibarbus labeo*）		
			花鲻（*H. maculatus*）		
		麦穗鱼属（*Pseudorasbora*）	麦穗鱼（*Pseudorasbora parva*）		
		银鮈属（*Squalidus*）	银鮈（*Squalidus argentatus*）		
		蛇鮈属（*Saurogobio*）	蛇鮈（*Saurogobio dabryi*）		
			光唇蛇鮈（*S. gymnocheilus*）		
		裂腹鱼属（*Schizothorax*）	齐口裂腹鱼（*Schizothorax prenanti*）		▲
			四川裂腹鱼（*S. kozlovi*）		
		鲤属（*Cyprinus*）	鲤（*Cyprinus carpio*）		

续表

目	科	属	种	保护级别	备注
鲤形目（Cypriniformes）	鲤科（Cyprinidae）	原鲤属（*Procypris*）	岩原鲤（*Procypris rabaudi*）	《中国濒危动物红皮书》（简称红皮书）易危种■Ⅱ	▲
		鲫属（*Carassius*）	鲫（*Carassius auratus*）		
		鳙属（*Aristichthys*）	鳙（*Aristichthys nobilis*）		
		鲢属（*Hypophthalmichthys*）	鲢（*Hypophthalmichthys molitrix*）		
		吻鮈属（*Rhinogobio*）	圆筒吻鮈（*Rhinogobio cylindricus*）		▲
			吻鮈（*R. typus*）		
			长鳍吻鮈（*R. ventralis*）		▲
		棒花鱼属（*Abbottina*）	棒花鱼（*Abbottina rivularis*）		
		近红鲌属（*Ancherythroculter*）	汪氏近红鲌（*Ancherythroculter wangi*）		
		圆吻鲴属（*Distoechodon*）	圆吻鲴（*Distoechodon tumirostris*）		
	平鳍鳅科（Homalopteridae）	间吸鳅属（*Hemimyzon*）	中华间吸鳅（*Hemimyzon sinensis*）	■	
		华吸鳅属（*Sinogastromyzon*）	四川华吸鳅（*Sinogastromyzon szechuanensis*）	■	▲
	鳅科（Cobitidae）	条鳅属（*Nemachilus*）	短体条鳅（*Nemachilus potanini*）		
			红尾条鳅（*N. berezowski*）		
		副鳅属（*Paracobitis*）	红尾副鳅（*Paracobitis variegatus*）		▲
			短体副鳅（*Paracobitis potanini*）		▲

续表

目	科	属	种	保护级别	备注
鲤形目（Cypriniformes）	鳅科（Cobitidae）	副沙鳅属（Parabotia）	花斑副沙鳅（Parabotia fasciata）		
		沙鳅属（Botia）	宽体沙鳅（B. reevesae）		▲
			中华沙鳅（B. superciliaris）		
		泥鳅属（Misgurnus）	泥鳅（Misgurnus anguillicaudatus）		
		南鳅属（Oreias）	戴氏山鳅（Oreias dabryi）		▲
		高原鳅属（Triplophysa）	贝氏高原鳅（Triplophysa bleekeri）		
		薄鳅属（Leptobotia）	红唇薄鳅（Leptobotia rubrilabris）	▇Ⅱ	▲
			长薄鳅（L. elongata）	红皮书易危种▇Ⅱ	▲
	胭脂鱼科（Catostomidae）	胭脂鱼属（Myxocyprinus）	胭脂鱼（Myxocyprinus asiaticus）	Ⅱ	
鲇形目（Siluriformes）	鲇科（Siluridae）	鲇属（Silurus）	鲇（Silurus asotus）		
			南方大口鲇（S. meridionalis）		
	胡子鲇科（Clariidae）	胡子鲇属（Clarias）	胡子鲇（Clarias fuscus）		
	鲿科（Bagridae）	黄颡鱼属（Pelteobagrus）	黄颡鱼（Pelteobagrus fulvidraco）		
			瓦氏黄颡鱼（P. vachelli）		
			光泽黄颡鱼（P. nitilus）		

续表

目	科	属	种	保护级别	备注
鲇形目 （Siluriformes）	鲿科（Bagridae）	鲹属（*Mystus*）	大鳍鲹（*Mystus macropterus*）		
		拟鲿属（*Pseudobagrus*）	切尾拟鲿（*Pseudobagrus truncatus*）		
			凹尾拟鲿（*P. emarginatus*）		
			乌苏拟鲿（*P. ussuriensis*）		
	鮡科（Sisoridae）	纹胸鮡属（*Glyptothorax*）	中华纹胸鮡（*Glyptothorax sinensis*）		
	钝头鮠科（Amblycipitidae）	鉠属（*Liobagrus*）	白缘鉠（*Liobagrus marginatus*）		
鳉形目 （Cyprinodontiformes）	青鳉科（Oryziatidae）	青鳉属（*Oryzias*）	青鳉（*Oryzias latipes*）		
	胎鳉科（Poeciliidae）	食蚊鱼属（*Gambusia*）	食蚊鱼（*Gambusia affinis*）		
合鳃目 （SynBranchiformes）	合鳃鱼科（Symbranchidae）	黄鳝属（*Monopterus*）	黄鳝（*Monopterus albus*）		
鲈形目（Perciformes）	鮨科（Serranidae）	鳜属（*Siniperca*）	鳜（*Siniperca chuatsi*）		
			斑鳜（*S. scherzeri*）		
			大眼鳜（*S. knerii*）		
	鰕虎鱼科（Gobiidae）	栉鰕虎鱼属（*Ctenogobius*）	栉鰕虎鱼（*Ctenogobius giurinus*）		
	鳢科（Ophiocephalidae）	鳢属（*Ophiocephalus*）	乌鳢（*Ophiocephalus argus*）		
颌针鱼目 （Beloniformes）	鱵科（Hemiramphidae）	鱵属（*Hemiramphus*）	九州鱵（*Hemiramphus kurumeus*）		
鲑形目 （Salmoniformes）	银鱼科（Salangidae）	间银鱼属（*Hemisalanx*）	前颌间银鱼（*Hemisalanx prognathus*）		

注：Ⅱ表示该种为国家二级重点保护野生动物；■表示该种为重庆市重点保护野生动物；▲表示该种为长江上游特有鱼类。

(a) 草鱼　　　　　　　　　　　(b) 岩原鲤

(c) 光泽黄颡鱼　　　　　　　　(d) 花斑副沙鳅

图 6-1　澎溪河湿地自然保护区部分鱼类

澎溪河湿地自然保护区内，鱼类区系组成具有长江上游区系的特点（李斌等，2011）。保护区鱼类区系基本上由中国江河平原区系复合体、中亚高原山区类群、南方（热带）平原和中印山区类群以及古近纪类群构成，显现出东、南、西、北各方鱼类在此混杂共处的过渡特点，反映了区系的复杂性。依据史为良关于鱼类动物区系复合体学说及其评价（史为良，1985），综合《中国淡水鱼类的分布区划》（李思忠，1981），对保护区中 73 种淡水鱼进行鱼类区系复合体分析。结果表明，保护区淡水鱼类以中国江河平原区系复合体为主。

二、生态类群

澎溪河湿地自然保护区鱼类生态类群可以从栖息环境类型、食性类型和繁殖类型等几个方面进行划分。

（一）栖息环境类型

按照栖息环境类型，可以把保护区鱼类划分为五个不同的生态类群。

（1）急流底栖类群：此类群有特化的吸盘或类似吸盘的结构，能适应急流生活。以水生昆虫或藻类为食，如四川华吸鳅、中华间吸鳅、中华纹胸鳅等。

（2）洞穴类群：此类群鱼类主要生活在流水、急流水底洞穴中，以发达口须感知水底生物，主要以无脊椎动物为食，包括大口鲇、胡子鲇等。

（3）静水或缓流水中生态类群：适于静水或缓流水体生活的鱼类，如宽鳍鱲、马口鱼等，它们也生活在水流较缓的上层水体中。

（4）水体上层生活类群：这类群鱼类的体形呈纺锤形，游泳能力强，游动迅速。有许多种类是捕食性鱼类，包括鲌属、近红鲌属及鲢亚科鱼类等。

（5）中层生活类群：生活于潭、沱等水体中上层水域的鱼类，身体多侧扁，如草鱼。

（二）食性类型

按照食性类型，可以把保护区鱼类划分为五个不同的生态类群。

（1）滤食性类群：澎溪河湿地自然保护区内营滤食生活的鱼类不多，有鲢、鳙等。

（2）植食性类群：该类群又分为两类，一类是食周丛藻类的鱼类，如裂腹鱼亚科、鲴亚科等；一类是食维管植物的鱼类，如草鱼等。

（3）肉食性类群：包括大型凶猛性鱼类和以底栖软体动物及水生昆虫幼虫为食的中小型鱼类。凶猛性鱼类包括鲇科、鲌亚科、鳜属鱼类及大鳍鳠、长薄鳅等。

（4）底栖动物食性鱼类包括鲿科、鰕虎鱼科、鮡科、鮈亚科、薄鳅亚科等一些种类。

（5）杂食性类群：鲤、鲫、泥鳅等鱼类属于杂食性类群。

（三）繁殖类型

按照繁殖类型，可以把保护区鱼类划分为四个不同的生态类群。

（1）产漂流性卵类群：保护区内的草鱼、鲢、鳙、胭脂鱼等鱼类产漂流性卵。产漂流性卵类群在产卵时需要湍急的水流条件，通常在汛期洪峰发生后产卵。这一类鱼卵比重略大于水，但产出后卵膜吸水膨胀，在水流的外力作用下，鱼卵悬浮在水层中，顺水漂流。孵化出的早期仔鱼，仍然要顺水漂流，待身体发育到具备较强的溯游能力后，才能游到浅水或缓流处停歇。从卵产出到仔鱼具备溯游能力，一般需要30h或40h以上，有的需要更长时间。

（2）产黏性卵类群：一类是急流环境产强黏性卵类群，包括鲇科、鳡科、鮡科、鮈亚科鱼类及岩原鲤等。岩原鲤产卵场多为石底急滩，每年3～4月和8～9月分两次产卵，卵粒黏附在鹅卵石或砾石上发育。宽鳍鱲每年4～6月在流水滩上产卵。黄颡鱼产卵期在5～6月，产卵前，雄鱼先在浅水区挖一浅坑，雌鱼产卵后雄鱼护巢发育。瓦氏黄颡鱼产卵期在4～5月，多在水流缓慢的浅水滩或水草多的岸边产卵，产卵后卵黏附于石头上发育。大鳍鳠产卵期为5～6月，产卵于流水的浅滩上。另一类是静水或缓流环境产黏性卵类群，包括鲤亚科鱼类及泥鳅、麦穗鱼、棒花鱼等。这些鱼类产卵时不需要水流刺激，可在静缓流水环境下繁殖，产黏性卵，其卵有的黏附于水草发育，如鲤、鲫、泥鳅等，有的黏附于砾石发育，如鲇等。

（3）产浮性卵类群：包括黄鳝、鳜属等鱼类是产浮性卵，卵内有油球，比重比水轻，产后卵漂浮在水中。

（4）产沉性卵类群：保护区内的裂腹鱼亚科等鱼类产沉性卵。产沉性卵类群的产卵季节多为春夏间，也有部分种类晚至秋季产卵。产沉性卵类群对产卵水域流态底质有不同的适应性，多数种类都需要一定的流水刺激。产出的卵或黏附于石砾、水草发育，或落于石缝间在激流冲击下发育。

第三节 重点保护鱼类

澎溪河湿地自然保护区内有国家Ⅱ级保护鱼类4种，即胭脂鱼、岩原鲤、长薄鳅和红唇薄鳅。胭脂鱼体高而侧扁，呈斜方形，头尖而短小，口小，唇肥厚而向外翻，呈吸盘状，背鳍高而长，成鱼体侧中轴有1条胭脂红色的宽纵纹，雄鱼的颜色鲜艳，雌鱼颜色暗淡。雌鱼一般在水质清新、含氧量高、水位及水温较稳定的急流浅滩中繁殖，3～4月产卵。卵呈浅黄色，黏附在水底砾石或水藻上，在16～18℃的适宜水温下7～8天可孵出仔鱼。生活在湖泊、河流中，幼体与成体形态各异，生境及生物学习性不尽相同，仔鱼喜集群于水流较缓的砾石间，多活动于水体上层，亚成体则活动于中下层，成体喜在江河的敞水区活动，其行动迅速敏捷。

根据 1999 年公布的《重庆市重点保护水生野生动物名录》，澎溪河湿地自然保护区内的市级重点保护鱼类包括岩原鲤、中华间吸鳅、四川华吸鳅、长薄鳅、红唇薄鳅。《中国濒危动物红皮书》中划定的"易危"鱼类 2 种，即岩原鲤和长薄鳅。

澎溪河湿地自然保护区内分布有长江上游特有鱼类 12 种，包括宽口光唇鱼、齐口裂腹鱼、岩原鲤、圆筒吻鮈、四川华吸鳅、红尾副鳅、宽体沙鳅、戴氏山鳅、长鳍吻鮈、短体副鳅、长薄鳅、红唇薄鳅。

宽口光唇鱼主要生活在淡水中，喜栖息于石砾底质、水清流急之河溪中。

齐口裂腹鱼为底层鱼类，要求较低的水温环境，喜欢生活于急缓流交界处，有短距离的生殖洄游现象。

岩原鲤属于广温性鱼类，其生存水温为 1.5～37℃，生活适应温度范围为 2～36℃，最适摄食生长温度为 18～30℃。此鱼大多栖息在江河水流较缓、底质多岩石的水体底层，经常出没于岩石之间，冬季在河床的岩穴或深沱中越冬，立春后开始溯水上游到各支流产卵。产卵场一般分布在支流急滩下，底质为砾石的急流水。卵呈淡黄色，卵被产出后黏附在石块上发育。岩原鲤在产卵期，需要溯游到上游支流。

四川华吸鳅和红唇薄鳅大多栖息在江河急流中。身体吸附于石块上而不被急流冲走。长薄鳅生活于石底河溪浅水处，个体较短体副鳅稍大。

圆筒吻鮈、红尾副鳅、宽体沙鳅、戴氏山鳅、长鳍吻鮈、短体副鳅等大多属于底栖性鱼类，喜生活在江河或溪流的底层，属于小型鱼类，主要以底栖无脊椎动物为食。

第四节　鱼类重要生境及变化

鱼类重要生境主要指产卵场、越冬场、索饵场"三场"。严格意义上讲，鱼类"三场"并非固定不变，会随季节、水位、丰枯年季等在不同河床

（段）造成不同河流流态而有所变化，但鱼类"三场"对生境的要求却是大致确定的。澎溪河湿地自然保护区的鱼类"三场"分布现状见表6-2。

表 6-2　澎溪河湿地自然保护区鱼类"三场"分布　　（单位：个）

地名	产卵场	越冬场	索饵场
葫芦坝	1	1	1
猪槽坝	1	1	1
腰鼓子	1	1	1
桥湾	1	1	1
小河口	1	1	1
糖房院子	1	1	1
铺溪口	1	1	1
牛角石	1	1	1
白夹溪	1	1	1

第七章　两栖类和爬行类

　　两栖纲（Amphibia）是一类原始的、初始登陆的、具五趾型的变温四足动物，皮肤裸露，分泌腺众多。其个体发育周期有一个变态过程，即以鳃（新生器官）呼吸在营水中生活的幼体，在短期内完成变态，成为以肺呼吸能营陆地生活的成体（中国野生动物保护协会，1999；费梁，1999）。两栖动物既有从鱼类继承下来适于水生的性状，如卵和幼体的形态及产卵方式等，又有新生的适应于陆栖的性状，如感觉器、运动装置及呼吸循环系统等。爬行纲（Reptilia）是真正适应陆栖生活的变温脊椎动物，不仅在成体结构上进一步适应了陆地生活，其繁殖也脱离了水的束缚。在活动季节，爬行动物每天的活动情况也表现出一定的规律性（中国野生动物保护协会，2002）。爬行动物和两栖动物一样，没有完善的保温装置和体温调节功能，能量又容易丧失，需要从外界获得必需的热，为所谓的"外热源动物"。它们通过自己的行为，可以在一定程度上调节自己的体温。除气温因素外，爬行动物的活动也与食物的丰富程度有关系。

第一节　调　查　方　法

　　两栖类和爬行类的调查按照原林业部《全国陆生野生动物资源调查与监测技术规程（修订版）》所规定的方法进行，主要采用样线法、生境判别法，并结合收集到的相关资料进行分析。

　　两栖类和爬行类均采用定性调查与定量调查相结合的方法进行。其中，定量调查以样线法为主。根据地形、生境类型、海拔、土地利用类型以及物种分布特征设置样线，在澎溪河湿地自然保护区上游水位调节坝下、渠口镇普里河口、大浪坝、糖房院子、白夹溪管护站下、白夹溪河口设置六条监测样带。两栖动物的调查样带宽 10m，长 0.5km。沿样带以 1～2km/h 速度行走，边走边聆听与观察，听到或看到两栖动物时，确定其种类、数量和活动状况，并拍摄照片；同时，进行夜间采集调查。爬行动物的调查样带长度为50～100m，调查时以 2km/h 速度缓慢前行，记录沿样带左右各 5m、前方 5m 范围内所见到的爬行动物种类、数量。

第二节　种类组成及区系特征

一、两栖类

澎溪河湿地自然保护区共有两栖类 13 种（表7-1），分属有尾目和无尾目的 7 科。有尾目仅大鲵 1 种；无尾目有 12 种，其中蛙科和姬蛙科分别有 5 种和3 种，其余各科均只有 1 种。

表 7-1　澎溪河湿地自然保护区两栖类种类组成及区系特征

目	科	种	保护级别	数量状况	从属区系
有尾目 （Urodela）	隐鳃鲵科 （Cryptobranchidae）	大鲵 （*Andrias davidianus*）	II cr	少	东
无尾目 （Anura）	锄足蟾科 （Pelobatidae）	淡肩角蟾 （*Megophrys boettgeri*）		少	东
	蟾蜍科 （Bufonidae）	中华大蟾蜍 （*Bufo gargarizans*）		常	古
	雨蛙科 （Hylidae）	华西雨蛙 （*Hyla annectans*）		少	东
	蛙科 （Ranidae）	棘腹蛙 （*Rana boulengeri*）	v	常	东
		日本林蛙 （*R. japonica*）		常	东

续表

目	科	种	保护级别	数量状况	从属区系
无尾目 （Anura）	蛙科 （Ranidae）	泽蛙 （*R. limnocharis*）		优	东
		黑斑侧褶蛙 （*Pelophylax nigromaculatus*）		优	东
		湖北侧褶蛙 （*P. hubeiensis*）		常	东
	树蛙科 （Rhacophoridae）	斑腿树蛙 （*Rhacophorus megacephalus*）		少	东
	姬蛙科 （Microhylidae）	粗皮姬蛙 （*Microhyla butleri*）		少	东
		饰纹姬蛙 （*M. ornata*）		常	东
		四川狭口蛙 （*Kaloula rugifera*）		少	东

① 保护级别中，数字序号Ⅱ表示国家保护动物级别；小写字母表示《中国濒危动物红皮书》对本物种的濒危等级评估，v=易危，cr=极危。

② 数量状况的确定主要依据调查中的遇见率。"优"为优势种，"常"为常见种，"少"为少见种。

③ 从属区系中，"东"为东洋界种，"古"为古北界种。

根据《中国动物地理》中的划分（张祖荣，1999），我国动物地理被划分为2界3亚界7区19亚区54个地理省。通过调查和查阅文献发现（段彪等，2000；赵尔宓，1998），该区域的两栖动物区系中，东洋界种占绝大部分，有12种；仅1种属于古北界种。

二、爬行类

澎溪河湿地自然保护区共有爬行类19种（表7-2），分属龟鳖目和有鳞目的9科。其中，龟鳖目有2科2种，有鳞目有7科17种。爬行类中以游蛇科种类数量最多，有8种，占爬行类物种总数的42.1%。石龙子科有3种，占15.8%；壁虎科有2种，占10.5%。鳖科、龟科、鬣蜥科、蛇蜥科、蜥蜴科、眼镜蛇科均只有1种。

表7-2　澎溪河湿地自然保护区爬行类种类组成及区系特征

目	科	种名	保护级别	数量状况	从属区系
龟鳖目 （Testudoformes）	鳖科 （Trionychidae）	鳖 （*Trionyx sinensis*）	v	少	广
	龟科（Emydidae）	乌龟 （*Chinemys reevesii*）	en II	少	广
有鳞目 （Squamata）	壁虎科 （Gekkonidae）	多疣壁虎 （*Gekko japonicus*）		常	东
		蹼趾壁虎 （*G. subpalmatus*）		常	东
	鬣蜥科 （Agamidae）	丽纹龙蜥 （*Japalura splendida*）		优	东
	蛇蜥科 （Anguidae）	脆蛇蜥 （*Ophisaurus harti*）	en II	常	东
	蜥蜴科 （Lacertidae）	北草蜥 （*Takydromus septentrionalis*）		常	广
	石龙子科 （Scincidae）	中国石龙子 （*Eumeces chinensis*）		常	东
		蓝尾石龙子 （*E. elegans*）		少	东
		铜蜓蜥 （*Sphenomorphus indicus*）		常	广
	游蛇科 （Colubridae）	翠青蛇 （*Cyclophiops major*）		常	东
		赤链蛇 （*Dinodon rufozonatum*）		少	广
		双斑锦蛇 （*Elaphe bimaculata*）		少	古
		王锦蛇 （*E. carinata*）	v	常	东
		玉斑锦蛇 （*E. mandarina*）	v	少	东
		黑眉锦蛇 （*E. taeniura*）		常	东
		华游蛇（乌游蛇） （*Sinonatrix percarinata*）		少	东
		乌梢蛇 （*Zaocys dhumnades*）	en	常	东
	眼镜蛇科 （Elapidae）	银环蛇 （*Bangarus multicinctus*）	v	少	东

① 保护级别一列中，数字序号 II 表示国家保护动物级别；小写字母表示《中国濒危动物红皮书》对本物种的濒危等级评估，en=濒危，v=易危。

② 数量状况要依据调查中的遇见率而确定。"优"为优势种，"常"为常见种，"少"为少见种。

③ 从属区系中，"东"为东洋界种，"古"为古北界种，"广"为广布种。

澎溪河湿地自然保护区内爬行类的区系组成为，属于东洋界种的有13种，属于广布种的有5种，属于古北界种的有1种，分别占爬行类物种总数的68.4%、26.3%、5.3%。

可见保护区内两栖动物和爬行动物以东洋界种为主（罗健等，2004）。从动物地理的二级区划来看，保护区内的两栖动物和爬行动物在古北界和东洋界所属的7个区均有分布。

第三节　重点保护对象

澎溪河湿地自然保护区内有国家Ⅱ级保护两栖类1种，即大鲵。大鲵是体形最大的一类两栖动物，体长一般为1m左右。分为头、躯干、四肢及尾4个部分。生活环境较为独特，一般在水流湍急、水质清凉、水草茂盛、石缝和岩洞多的山间溪流、河流和湖泊之中活动，有时也在岸上树根系间或倒伏的树干上活动。白天常藏匿于洞穴内，头多向外，便于随时行动、捕食和避敌，遇惊扰则迅速离洞向深水中游去。傍晚和夜间出来活动和捕食，游泳时四肢紧贴腹部，靠摆动尾部和躯体拍水前进。

澎溪河湿地自然保护区内有国家Ⅱ级保护爬行类2种，即乌龟和脆蛇蜥。乌龟为半水栖、半陆性爬行动物，头小，不及背甲宽的1/4，头顶前部平滑，后部皮肤具细粒状鳞；背甲较平扁，具3条纵棱，四肢略扁平，指、趾间均具蹼，具爪；尾较短小；主要栖息于江河、湖泊、水库、池塘及其他水域；一般每年4月底于长江流域开始产卵至8月底，5～7月为产卵高峰期；白天多陷居水中，是杂食性动物，以动物性的昆虫、蠕虫、小鱼、虾、螺、蚌，以及植物性的嫩叶、浮萍、瓜皮、麦粒、稻谷、杂草种子为食。脆蛇蜥体肥壮，头顶被对称大鳞；额鳞最大，近盾形，前尖后宽；额鳞前与1对近菱形的前额鳞相切；营地下洞穴生活，栖居于300～800m的山林、草丛、菜园、茶园的土中或大石下；在10月中下旬，当气温下降到13℃左右时，陆续进入冬眠，当气温降至8℃以下，进入深眠。

　　属《中国濒危动物红皮书》中划定的"易危"两栖类1种，即棘腹蛙；属"极危"两栖类1种，即大鲵。属《中国濒危动物红皮书》中划定的"易危"爬行类5种，即鳖、银环蛇、玉斑锦蛇、黑眉锦蛇、王锦蛇；属"濒危"爬行类3种，即脆蛇蜥、乌龟、乌梢蛇。

第八章 鸟 类

鸟类是脊椎动物亚门的一纲。体均被羽，恒温，卵生，胚胎外有羊膜。前肢成翼，有时退化。多营飞翔生活。鸟类分为六大生态类群，包括游禽、涉禽、攀禽、陆禽、猛禽、鸣禽。鸟类群落结构和功能与生境关系密切，能够反映出其所在地的生态环境质量优劣，生境质量对鸟类种类、丰度、生物量都具有显著影响（钱燕文，1995）。鸟类作为生态系统的重要组成部分，是生态系统健康水平的指示类群。目前，对三峡水库鸟类生态学的研究相对匮乏（张家驹等，1991；冉江洪等，2001；苏化龙等，2001，2005，2012）。以地处三峡水库腹心的重庆开州区澎溪河湿地自然保护区为对象，选择不同水位时期，进行鸟类群落结构及其多样性的调查研究，探讨三峡水库蓄水后鸟类群落及多样性对季节性水位变化的响应关系，可以积累三峡水库生物多样性变化的长期数据，为国内外大型水库鸟类多样性保护及管理提供科学依据。

第一节 调 查 方 法

根据澎溪河湿地自然保护区生境类型特征，主要采用样线法和样点法进行调查。设置6条调查样线，其中澎溪河干流4条、普里河及白夹溪支流各1条。干流样线有调节坝—葫芦坝—猪槽坝、铺溪—白夹溪河口、渠口镇—铺溪、白夹溪河口—养鹿；支流样线有白夹溪河口—金峰大桥、赵家街道—渠口。调查时间涉及不同季节及水位高程段。同时，在老土地湾、白夹溪河口、大浪坝等生态修复区域设置长期鸟类定位观测点。调查时，选择晴朗无风的天气，在鸟类活动的高峰段（7：00～10：00；16：00～18：00），使用8×42倍双筒望远镜及20～60倍单筒望远镜进行观察，记录鸟类的种类、数量、行为、生境特征、水位高程及主要干扰类型。鸟类识别主要参照《中国鸟类野外手册》（约翰·马敬能等，2000），鸟类分类参照《中国鸟类分类与分布名录》（郑光美，2011）和《中国观鸟年报——中国鸟类名录7.0》（2019 年）。

第二节　种类组成及区系特征

保护区现有196种鸟类，分属17目、53科。其中，雀形目鸟类种数最多，有95种，占保护区鸟类种数的48.47%。雁形目鸟类有21种，占保护区鸟类种数的10.71%。鸽形目鸟类有20种，占保护区鸟类种数的10.20%。隼形目有13种，占保护区鸟类种数的6.63%。鹈形目有12种，鹤形目有8种，鹃形目有7种，分别占保护区鸟类种数的6.12%、4.08%、3.57%。其余各目鸟类种数均小于5种。就科数而言，鸭科鸟类有21种，占10.71%；鹬科鸟类有15种，占7.65%；鹭科鸟类有11种，占5.61%；鹰科鸟类有9种，占4.59%；秧鸡科、鸻科、鹟鸫科鸟类都是8种，各占4.08%；丘鹬科鸟类有7种，占3.57%。保护区的鸟类就种数而言，以雀形目最占优势，雁形目、鸽形目、隼形目、鹈形目等次之。鸭科鸟类数量最多，其次是鹬科、鹭科鸟类等（表8-1，附录2）。

表 8-1　澎溪河湿地自然保护区鸟类各类群种类数及占比

目	科数	种数	占鸟类总种类的百分比/%
鸡形目	1	4	2.04
雁形目	1	21	10.71
鹛鹛目	1	3	1.53
鹈形目	2	12	6.12
鲣鸟目	1	1	0.51
隼形目	3	13	6.63
鹤形目	1	8	4.08
鸻形目	5	20	10.20
鸽形目	1	3	1.53
鹃形目	1	7	3.57

续表

目	科数	种数	占鸟类总种类的百分比/%
鸮形目	1	1	0.51
夜鹰目	1	1	0.51
雨燕目	1	1	0.51
佛法僧目	2	4	2.04
犀鸟目	1	1	0.51
鴷形目	1	1	0.51
雀形目	29	95	48.47

澎溪河湿地自然保护区的鸟类属古北界种的有 64 种，所占比例为 32.65%；属东洋界种的有 73 种，所占比例为 37.24%；属广布种的有 59 种，所占比例为 30.10%。

保护区共有水鸟 68 种，占鸟类总种类的 34.69%，分属 8 目 15 科。68 种水鸟中雁形目水鸟类最多，有 21 种，占水鸟总数量的 30.88%；鸻形目有 20 种、鹈形目有 12 种、鹤形目有 8 种，分别占水鸟总数量的 29.41%、17.65%、11.76%。就科而言，鸭科、鹭科水鸟最丰富，分别有 21 种和 11 种，占水鸟总数的 30.88% 和 16.18%。68 种水鸟中，留鸟 14 种；夏候鸟 13 种；冬候鸟 32 种，主要为鸭科鸟类；旅鸟 9 种。在澎溪河湿地自然保护区内共发现 7 个重庆市新记录种，分别是斑背潜鸭、海鸥、红胸田鸡、蓝胸秧鸡、蒙古沙鸻、铁嘴沙鸻、赤颈鸫，其中 6 种是水鸟，这与近年来在澎溪河湿地自然保护区内实施的鸟类生境工程的作用密不可分。此外，雀形目鸟类中还有 8 种傍水栖息鸟类，如白鹡鸰、白顶溪鸲、红尾水鸲等。

第三节　生　态　类　群

根据澎溪河湿地自然保护区生境状况和鸟类分布特点，把保护区的鸟类生境类型划分为四种，即湿地、草丛、居民–耕地–灌丛、针叶林及针阔叶混交林带。湿地生境主要包括库区高水位期形成的大水面，澎溪河的支流，库区从 175m 水位高程退水而形成的滩涂、水稻田及基塘。觅食和活动主要在水中或岸边的鸟类被划分为水鸟或湿地鸟类。草丛生境指夏季145m高程低水位期、大面积消落带露出的草丛，以狗牙根、苍耳为优势种，在高水位期将被淹没。居民–耕地–灌丛生境包括保护区内居民点、耕地及灌丛。针叶林及针阔叶混交林带为保护区内的柏树、马尾松林及其他次生林。对观察到的196种鸟类的生境统计结果如下：湿地是澎溪河湿地自然保护区的主要生境类型，生活的水鸟有68种，常见的种类有绿头鸭、斑嘴鸭、绿翅鸭、白鹭、苍鹭、白骨顶等。在草丛生活的鸟类有36种，常见的鸟类有金翅雀、棕头鸦雀等。在居民–耕地–灌丛生活的鸟类有33种，常见的鸟类有麻雀、金翅雀、棕背伯劳等。在针叶林及针阔叶混交林带生活的鸟类有59种，常见的鸟类有红头长尾山雀、白颊噪鹛、珠颈斑鸠等。

鸟类群落结构各有其自身的物种分布特征，空间距离较近或相邻的群落中物种相似程度较高，居民–耕地–灌丛和针叶林及针阔叶混交林带的鸟类群落物种相似度较高；空间距离较远的群落间，物种相似程度较低，如湿地与针叶林及针阔叶混交林带。

第四节　群落季节动态

水是自然界重要的生态因子，其变化将会对生物个体、种群、群落及生态系统产生影响。自然界中湖泊、河流的水文变化会对其生态系统的结构产生影响，会改变生境类型，进而影响到其生物群落。三峡水库由于"蓄清排浊"的运行方式，夏季低水位（145m）运行，冬季高水位（175m）运行，两种水位下的生态环境差异显著。鸟类作为湿地生态系统中的初级或顶级消费者，鸟类群落结构在一定程度上是鸟类与环境及鸟类种间相互关系的综合反映。外界生态环境的改变必将引起鸟类群落种类、丰度、多样性及空间分布格局的变化。夏季与冬季是三峡水库水位的两种状态，塑造出了两种不同的生境类型，鸟类群落结构也随着三峡水库的水位调节作用，发生空间与时间格局的变动（刁元彬等，2018）。明水面、滩涂、植被是影响湿地鸟类群落多样性及空间分布格局的三个重要因子（葛振鸣，2007）。水位变动是三峡水库蓄水后澎溪河湿地生态系统变化的主要驱动因子。受三峡水库水位变化的调控影响，季节性水位变化导致明水面、滩涂、植被等主要因子随水位高程的涨落而发生动态变化，进而影响澎溪河鸟类的多样性及空间分布格局。

一、夏季鸟类分布特点

在夏季，澎溪河处于低水位期，水域面积缩小至一年中最小，呈现河流形态，大面积的河漫滩和沙洲露出，并出现洼地、沼泽、沟渠、微型水塘、小型岛屿、砾石滩等多种微生境结构。多样的微生境及其组合类型为白鹭、苍鹭、彩鹬、红胸田鸡、蓝胸秧鸡、矶鹬、白腰草鹬等肉食性鸟类提供了食物资源和栖息环境。同时，受三峡大坝反季节、高水位落差水位调控的影响，三峡水库消落带的植物沿高程梯度（145～175m）差异显著。三峡水库通过水位调控来影响植被，进而影响鸟类群落结构及空间分布。随高程增加，水淹时间逐渐减少，植物物种多样性也逐渐增加。植物群落结构组成及其物候期对鸟类的群落组成有显著影响。位于165～175m高程带的鬼针草、苍耳、西来稗等一年生草本植物为适应三峡水库消落带的水位变化规律，夏季多为果期，结满草籽，为植食性的金翅雀和麻雀等雀形目鸟类提供了大量食物。145～165m高程带的消落带受水淹时间较长，植物多样性低，常呈现单一的西来稗群落和狗牙根群落，植被呈垫状，群落垂直结构简单，果实为颖果，草籽、昆虫等食物资源极其匮乏，在该高程范围内活动的鸟类极少。

在澎溪河白夹溪河口三角洲，由于145～175m高程草本植物群落多样性沿高程梯度增加，在155m下以狗牙根为优势种并且呈垫状分布，此外仅有喜草丛生存的棕扇尾莺等分布，而165～170m高程植物多样性最高，有狗尾草、鬼针草、苍耳等，鸟类多样性增加，有白颊噪鹛、棕头鸦雀、山斑鸠等鸟类觅食。棕背伯劳（肉食性）、黑卷尾（虫食性）等鸟类也多集中于此高程范围内停栖。

三峡水库反季节的高落差水位变动对白夹溪河口三角洲生境特别是植物群落产生了显著性影响，植物群落结构单一化，导致鸟类群落结构发生显著性变化。整体上，夏季河口三角洲鸟类群落种类、种群密度、多样性均较低；空间格局分布呈现出如下特征。

（1）沿高程145～175m，鸟类生态群落随草本植物群落多样性的增加而增加，但整体的鸟类种群密度依然较低。

（2）白鹭、苍鹭、白鹡鸰等湿地鸟类集中分布于人工水塘、白夹溪河岸等湿地生境，人工水塘对白鹭的庇护作用明显。

澎溪河老土地湾和大浪坝营造有面积不等、形态各异的基塘。基塘中种植了耐冬季水淹的太空飞天荷花、黄花鸢尾等湿地植物。团块状或片状种植的挺水植物，在夏季具有良好的景观效果；覆盖基塘一半的生境，形成内部高度超过1m的隐蔽空间，为白胸苦恶鸟、红胸田鸡等鸟类提供了优良的庇护地。基塘保持约30cm水位深度，鱼类、螺类、水生昆虫等食物资源丰富，是蓝胸秧鸡、黑水鸡、董鸡等涉禽的重要觅食生境。红胸田鸡、蓝胸秧鸡、铁嘴沙鸻、赤颈鸫都是在该区域首次发现的重庆市新记录种（图8-1）。

(a) 红胸田鸡 (b) 蓝胸秧鸡

(c) 铁嘴沙鸻 (d) 赤颈鸫

图 8-1　澎溪河湿地自然保护区几种重庆市新记录种

在白夹溪老土地湾，由于实施了基塘工程，175m下消落带生境质量得到优化，成为鸟类夏季重要的繁殖地与栖息地。老土地湾面积约20.03hm^2，内部有不同类型的生境，生境资源丰富，不同生态位的水鸟在此栖息于不同类型的生境。彩鹬、白胸苦恶鸟仅出现在浅水基塘生境中，而普通翠鸟、蓝翡翠在老土地湾内的深水基塘（主要为菱角塘）中觅食，并且在深水基塘塘基上休憩。河漫滩水塘与牛扼湖为淤泥底质，食物丰富，为白鹭、苍鹭、池鹭、林鹬等提供了重要的食物资源。老土地湾在170m高程上种植的水稻及野生的禾本科植物吸引白腰文鸟及树麻雀前来觅食。

二、冬季鸟类分布特点

澎溪河在冬季迎来丰水期，水域面积宽阔，蜿蜒曲折的澎溪河及其支流白夹溪、普里河形成岛屿、半岛、库湾等多种生境结构单元。消落带范围内的大面积草丛被淹没。保护区的夏季和冬季鸟类群落结构及分布格局差异明显。冬季，在消落带草丛中活动的虫食性鸟、植食性鸟和肉食性鸟类种类及种群数量明显下降；到了冬季，这些鸟类往周边农耕地迁移扩散越冬。冬季澎溪河形成大水面，吸引绿头鸭、罗纹鸭、绿翅鸭等多种游禽集群越冬，种群数量达到上万只，澎溪河已成为长江上游重要的水鸟越冬地。其中，因水位抬升而形成的岛屿远离居民点，人为干扰强度低，隐蔽性强，成为绿头鸭、斑嘴鸭、绿翅鸭等鸭类适宜的越冬生境。库湾、湖汊等生境单元因半围合的空间结构，水流平缓，食物资源丰富，也成为绿头鸭、斑嘴鸭、花脸鸭、鸬鹚等水鸟的栖息地（桑莉莉等，2008；哈丽亚等，2014）。

冬季三峡水库高水位运行，形成库湾、湖汊、岛屿、半岛、沼泽湿地等生境类型。库湾、湖汊、岛屿、半岛四种生境隐蔽性强，加上食物资源丰富，成为越冬鸟类重要的庇护生境和栖息地（苏化龙和肖文发，2017）。由于生境结构不同，四种类型生境中的鸟类群落也呈现出巨大差异。库湾隐蔽性强，但坡面陡，缺少滩涂，因此是以绿头鸭为主的鸟类群落所在地，鸬鹚类、白骨顶、黑水鸡等鸟类少，鸟类群落结构较单一。湖汊等区域地势平缓，每年夏季三峡水库退水后，其蓄水前的冬水田露出，所形成的浅水湿地成为白鹭、秧鸡重要的觅食场所，该区域的鸟类多样性略高于库湾；河口三角洲由于岛屿形态特别，在高水位（165～172m）时形成库湾和湖汊交错的形态，岛屿内部区域隐蔽性良好，成为鸭类重要的庇护生境，岛屿生境的鸭类种群数量也是最高的，同时白骨顶沿岛屿的外侧即水际线觅食分布，种群数量较高。四种生境中，半岛（沧海桑田）种植了大密度的灌木桑树、乔木柳树，半岛边缘的空间异质性强，湖汊、滩涂地、沟渠众多，加上半岛内桑树枯枝群丛密度高，紧邻水际线，增强了区域内生境的隐蔽性，使之成为越冬鸟类重要的栖息地和庇护地。

综上所述，冬季澎溪河湿地自然保护区消落带鸟类群落分布呈现如下特点。

（1）冬季水鸟类群落结构在分布格局上明显表现出以库湾、湖汊、岛屿、半岛湿地聚集，呈斑块状分布的特点。鸭科鸟类在冬季消落带鸟类群落构成中占很大比例。

（2）栖息地环境类型直接影响鸟类群落的种类、丰度、多样性及分布格局。半岛生境类型丰富，人为干扰程度低，因此其鸟类种类、丰度及多样性均最高。四种生境的鸟类多样性依次为库湾<湖汊<岛屿<半岛。

（3）库湾、岛屿和半岛成为鸭科水鸟重要的越冬栖息地。白鹭集中分布于湖汊、岛屿、半岛等生境类型，白骨顶主要分布于岛屿、半岛生境。

此外，春季是澎溪河水位消退期，秋季是澎溪河水位上涨期，这两个季节为水位变化动态时期。春季与秋季是鸻鹬类的迁徙时期，滩涂是鸻鹬类在迁徙时重要的停歇地和觅食地。但在研究期内仅记录到12种鸻鹬，鸻鹬类种类及种群数量少，主要原因有：①虽然春季澎溪河湿地自然保护区水位下降，新生成大面积淤泥质滩涂，但由于光热条件适宜，淤泥质滩涂水分蒸发，含水量减少，泥滩内的狗牙根、苍耳、合萌等植物的繁殖体迅速萌发生长，快速覆盖泥滩生境。滩涂出现的时间较短，不能够给鸻鹬类提供稳定的食物资源。②春季降水量的偶尔增加，形成洪水，加大了对滩涂的冲刷、侵蚀，滩涂生境不稳定，也不适宜鸻鹬类停歇、觅食。③在水位抬升期，夏季露出的滩涂被淹没；当澎溪河水位高程大于165m时，滩涂生境已经极少，呈零星分布，难以吸引鸻鹬类停歇觅食。

三、鸟类群落结构季节性变化

夏季鹭科涉禽鸟类为优势类群，占鸟类群落比例的54.8%（图8-2），其中白鹭为优势种，占鸟类群落数量的28.06%，在鸟类群落构成中的主体地位明显。其次为麻雀科、燕科等鸟类。湿地鸟类构成以鹭科涉禽类为主，而彩鹬、白胸苦恶鸟、林鹬、金眶鸻等鸟类虽然是澎溪河部分区域（如白夹溪老土地湾）的繁殖鸟，但由于适宜的生境资源少，种群数量低。

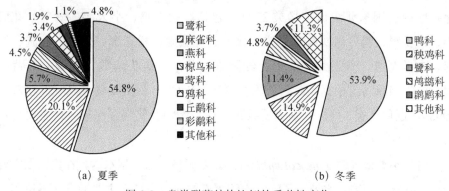

(a) 夏季　　　　　　　　　　(b) 冬季

图8-2　鸟类群落结构比例的季节性变化

冬季三峡水库高水位运行，生境水平格局发生显著性变化，175m高程生境由夏季时低水位的河流、草丛生境变为冬季时的淹没水面湿地。鸟类群落随空间格局与时间格局的变化呈现显著差异。冬季以鸭科鸟类为主，占群落的53.9%，其中绿头鸭为优势种。由于三峡水库冬季蓄水形成库塘型湿地，该型湿地吸引了大量白骨顶越冬觅食，使得秧鸡科鸟类群落数量增加，比例达到14.9%。鹭科鸟类以白鹭为优势种，但是由于冬季三峡水库高水位运行，明水面面积增加，冬水田、河岸滩涂、水塘等湿地类型减少，可供鹭科涉禽觅食的生境减少，因此白鹭种群减少，占比仅为11.4%。冬季形成深水环境，喜深水环境的鸊鷉科鸟类相比于夏季种群数量增加。同样，深水水库生境的鸬鹚亦出现在保护区内，并占到鸟类群落数量的4.8%。

综上所述，研究区域的鸟类群落组成，发现其夏季与冬季具有明显的差异。夏季水位消落，大面积出露的消落带鸟类群落以白鹭、苍鹭等涉禽鸟类为主；冬季高水位蓄水时，澎溪河的一些库湾、河湾越冬鸟类以游禽鸟类为主，主要是鸭科鸟类，由于深水淹没，涉禽数量较少。其群落结构的变化与受三峡水库蓄水调度的生境类型季节性变化相一致。

第五节　重点保护鸟类

保护区内鸟类资源丰富，含多种国家级珍稀保护鸟类。澎溪河湿地自然保护区内有国家Ⅱ级保护鸟类22种，包括红腹锦鸡、小天鹅、鸳鸯、花脸鸭、白琵鹭、鹗、凤头蜂鹰、白腹隼雕、赤腹鹰、松雀鹰、雀鹰、苍鹰、黑鸢、灰脸鵟鹰、普通鵟、红隼、红脚隼、燕隼、斑头鸺鹠、画眉、斑背噪鹛、红嘴相思鸟。根据国际自然保护联盟（IUCN）保护动物名录（汪松等，1998），近危鸟类3种，分别为罗纹鸭、白眼潜鸭及鹌鹑。保护区内主要重点保护鸟类描述如下。

（1）小天鹅（*Cygnus columbianus*）。冬候鸟，为大型水禽。在繁殖期主要栖息于开阔的湖泊、水塘、沼泽、水流缓慢的河流。冬季主要栖息在多芦苇、蒲草和其他水生植物的大型水库、水塘与河湾等地方。在大浪坝一带有分布。

（2）鸳鸯（*Aix galericulata*）。冬候鸟，栖息于山地森林河流、湖泊、水库、水塘、芦苇沼泽中。主要以叶、草籽、苔藓和昆虫为食。在老土地湾、白夹溪河口、大浪坝等均有分布。

（3）鹗（*Pandion haliaetus*）。旅鸟，栖息于水库、湖泊中，常从水上悬枝上深扎入水中捕食猎物，或在水上缓慢盘旋或振羽停在空中，然后扎入水中捕食鱼类。在迁徙季节有记录。

（4）凤头蜂鹰（*Pernis ptilorhynchus*）。旅鸟，栖息于不同海拔的阔叶林、针叶林和混交林中，尤以疏林和林缘地带为主，主要以黄蜂、胡蜂、蜜蜂和其他蜂类为食。在迁徙季节有记录。

（5）白腹隼雕（*Hieraaetus fasciatus*）。冬候鸟，栖于开阔山区，在高树或峭壁上营巢。以鸟类和小型兽类等为食。冬季在白夹溪管护站周边，有白腹隼雕捕食白鹭、斑嘴鸭的记录。

（6）赤腹鹰（*Accipiter soloensis*）。旅鸟，喜开阔林区。常追逐小鸟，也吃青蛙。在迁徙季节有记录。

（7）松雀鹰（*Accipiter virgatus*）。夏候鸟，栖息于海拔300～1200m的多

林丘陵山地，常单独或成对活动和觅食。以雀形目小鸟、鼠类、昆虫为食。夏季在保护区有记录。

（8）雀鹰（*Accipiter nisus*）。冬候鸟，栖息于针叶林、混交林和阔叶林等山地森林和林缘地带，冬季主要栖息于低山处，尤其喜欢在林缘、河谷、采伐迹地和耕地附近的小块丛林地带于白天单独活动。以雀形目小鸟、鼠类、昆虫为食。冬季在白夹溪管护站背后的马尾松林缘地带有分布。

（9）苍鹰（*Accipiter gentilis*）。旅鸟，栖息于不同海拔的针叶林、混交林和阔叶林地带，是森林中的猛禽，多隐蔽在森林中的树枝间窥伺猎物。主要以森林鼠类、兔类、雉类、斑鸠类和其他中小型鸟类为食。在迁徙季节有记录。

（10）灰脸鵟鹰（*Butastur indicus*）。旅鸟，栖息于阔叶林、针阔叶混交林以及针叶林等山林地带，以小型蛇类、蛙类、蜥蜴、鼠类、松鼠和其他小鸟等动物性食物为食。在迁徙季节有记录。

（11）普通鵟（*Buteo buteo*）。冬候鸟，主要栖息于山地森林和林缘地带，从海拔400m的山麓地带的阔叶林到海拔2000m的混交林地带均有分布，常见在开阔平原、荒漠、旷野、开垦的耕作区、林缘草地和村庄上空盘旋翱翔。主要以鼠类为食。

（12）红隼（*Falco tinnunculus*）。旅鸟，栖息于山地森林，尤见于林缘、林间空地、疏林和有疏林生长的旷野、河岩、山崖。白天活动、低空飞行寻找食物。主要以昆虫为食，也吃鼠类、鸟类、蛙、蛇等小型脊椎动物。在迁徙季节有记录。

（13）红脚隼（*Falco amurensis*）。旅鸟，主要栖息于低山疏林、林缘、丘陵地区的沼泽、草地、河流、山谷和农田等开阔地区，尤其喜欢具有稀疏树木的低山和丘陵地区。主要以昆虫为食，也吃鼠类、鸟类、蛙、蛇等小型脊椎动物。秋季在大浪坝有迁徙记录。

（14）燕隼（*Falco subbuteo*）。旅鸟，主要栖息于有稀疏树木生长的开阔平原、旷野、耕地、海岸和林缘地带。主要以麻雀、山雀等雀形目小鸟为食，偶尔捕捉昆虫。秋季在大浪坝处有迁徙记录。

（15）红腹锦鸡（*Chrysolophus pictus*）。留鸟，喜有矮树的山坡及次生的亚热带阔叶林及落叶阔叶林。主要以植物的叶、芽、花、果实和种子为食，偶尔取食昆虫。在保护区针叶林及针阔叶混交林带有分布。

（16）斑头鸺鹠（*Glaucidium cuculoides*）。留鸟，常光顾庭园、村庄、原始林及次生林。夜行性，但有时白天也活动。多在夜间和清晨鸣叫。主要以昆虫为食，也吃鼠类、小鸟、蛙类和蜥蜴等小型脊椎动物。在保护区针阔叶混交林中有分布。

（17）青头潜鸭（*Aythya baeri*）。冬候鸟，罕见的季节性候鸟。栖息于池塘、湖泊及平缓水域。性怯生，成对活动。杂食性，主要以水生植物和鱼虾贝壳类为食。2017年12月中旬在普里河（赵家段）发现青头潜鸭。

（18）白眼潜鸭（*Aythya nyroca*）。冬候鸟，栖居于沼泽及淡水湖泊。冬季也活动于河口及沿海潟湖。怯生谨慎，成对或成小群活动。杂食性，主要以水生植物和鱼虾贝壳类为食。冬季在大浪坝有20~30只集群分布。

（19）罗纹鸭（*Anas falcata*）。冬候鸟，多栖息于河流、湖泊、水库、河口及其沼泽地带。主要以水藻、水生植物嫩叶、种子等为食，偶尔吃贝类、甲壳类和水生昆虫等。在大浪坝有分布。

（20）鹌鹑（*Coturnix japonica*）。留鸟，栖居于矮草地及农田。主要以杂草种子、豆类、谷物及浆果、昆虫及幼虫等为食。在保护区居民-耕地-灌丛生境有分布。

第九章 兽 类

哺乳纲（Mammalia）是脊椎动物亚门的一纲，通称兽类。多数兽类全身被毛，运动快速，恒温胎生（盛和林，1999）。兽类分布于世界各地，营陆上、地下、水栖和空中飞翔等多种生活方式。在环境条件趋于极端化时，兽类的适应能力十分明显。重庆市处于青藏高原与长江中下游平原之间的过渡地带，东、南分别与湘鄂西山地、贵州高原相接，西界四川盆中丘陵，北邻秦巴山地，地质、地貌、气候、水文、土壤等自然地理要素丰富多样，均具有中国东西、南北过渡性与交接性的特点，所以市域自然条件复杂，兽类资源丰富。三峡水库蓄水后，受冬季水淹及季节性水位变化的影响，澎溪河湿地自然保护区的兽类以小型兽类为主。

第一节 调 查 方 法

兽类调查依据原林业部《全国陆生野生动物资源调查与监测技术规程（修订版）》的有关规定，在广泛查阅已有文献、科考报告的基础上，采用路线法、生境判别法、对当地村民进行随机访问相结合的方法进行调查。

第二节 种类组成及区系特征

澎溪河湿地自然保护区有27种兽类（表9-1），分属6目13科。其中，啮齿目的种类最多，有13种，占保护区兽类种数的48.15%；其次是食肉目，有5种，占18.52%；食虫目、翼手目、偶蹄目和兔形目分别有4种、3种、1种和1种，分别占14.81%、11.11%、3.70%和3.70%。就科而言，以鼠科的种类最多，有10种，占保护区兽类种数的37.04%；其次是鼬科（4种），占14.81%；鼩鼱科（3种）占11.11%，其余的科仅有1种。可见，保护区的哺乳类以啮齿目占优势，食肉目居于次要地位；鼠科为优势科，其次是鼬科。保护区内哺乳动物属于东洋界种的有13种，所占比例为48.15%；古北界种有7种，所占比例为25.93%；广布种有7种，所占比例为25.93%。

表 9-1　澎溪河湿地自然保护区兽类种类组成及区系特征

目	科	种名	保护级别	数量状况	从属区系
食虫目 （Insectivora）	猬科（Erinaceidaae）	刺猬 （Erinaceus europaeus）		少	古
	鼩鼱科（Soricidae）	小鼩鼱 （Sorex minutus）		少	东
		灰麝鼩 （Crocidura attenuata）		常	东
		短尾鼩（Anourosorex squmipes）		优	东
翼手目 （Chiroptera）	菊头蝠科 （Rhinolophidae）	小菊头蝠（Rhinolophus blythi）		优	东
	蹄蝠科 （Hipposideridae）	大蹄蝠 （Hipposideros armiger）		优	东
	蝙蝠科 （Vespertilionidae）	中华鼠耳蝠（Myotis chinensis）	V	常	古
食肉目 （Carnivora）	鼬科 （Mustelidae）	黄鼬 （Mustela sibirica）		优	广
		鼬獾 （Melogale moschata）		常	东
		狗獾（獾） （Meles meles）		常	广
		猪獾 （Arctonyx collaris）		常	广
	灵猫科 （Viverridae）	花面狸（果子狸） （Paguma larvata）		常	东
偶蹄目 （Artiodactyla）	猪科 （Suidae）	野猪 （Sus scrofa）		常	广
兔形目 （Lagomorpha）	兔科 （Leporidae）	草兔 （Lepus capensis）		优	广

续表

目	科	种名	保护级别	数量状况	从属区系
	鼯鼠科 （Petauristidae）	复齿鼯鼠 （*Trogopterus xanthipes*）	v	少	东
	松鼠科 （Sciuridae）	岩松鼠 （*Sciurotamias davidianus*）		常	东
	竹鼠科 （Rhizomyidae）	中华竹鼠 （*Rhizomys sinensis*）		少	东
啮齿目 （Rodentia）	鼠科 （Muridae）	巢鼠 （*Micromys minutus*）		常	古
		中华姬鼠（龙姬鼠） （*Apodemus draco*）		常	古
		黑线姬鼠 （*Apodemus agrarius*）		常	古
		黄胸鼠 （*Rattus flavipectus*）		常	东
		大足鼠 （*R. nitidus*）		常	东
		褐家鼠 （*R. norvegicus*）		优	古
		北社鼠* （*Niviventer confucianus*）		常	广
		针毛鼠* （*N. fulvescens*）		常	广
		白腹巨鼠* （*N. coninga*）		常	东
		小家鼠 （*Mus musculus*）		常	古

① 在各类型生境的分布中，"*"为裸岩山地+草地+灌草丛生境。

② 在保护级别中，小写字母表示《中国濒危动物红皮书》对本物种的濒危等级评估，v=易危。

③ 数量状况为大致确定的，主要依据调查中的遇见率。"优"为优势种，"常"为常见种，"少"为少见种。

在2000年以前，澎溪河湿地自然保护区内尚分布有水獭（*Lutra lutra*）、亚洲小爪水獭（*Aonyx cinerea*），当地渔民有养殖水獭、亚洲小爪水獭用于捕鱼的习惯。由于河流环境的变化及生境的改变，加上三峡水库蓄水影响，现在水獭、亚洲小爪水獭已经消失。

第三节 生态类群

根据评价区域植被、生境类型、人类活动情况等，将陆生动物划分为六种生态地理动物群，即森林动物群、灌丛动物群、灌草丛动物群、农田动物群、居民点动物群、地栖型动物群。

一、森林动物群

此类动物群主要的生境是森林群落，主要是以马尾松、柏木、杉木为主的针叶林和以松杉和栎为主的针阔叶混交林。兽类中的代表动物有野猪等，此外其他脊椎动物包括翠青蛇、福建竹叶青、黄腹山雀、大山雀、绿翅短脚鹎、黄臀鹎、大杜鹃、星头啄木鸟、暗灰鹃鵙、红嘴蓝鹊、黄腰柳莺、蓝喉太阳鸟、暗绿绣眼鸟等。这类动物还有树栖型，即主要在乔木或灌木树上栖息、觅食，如复齿鼯鼠、岩松鼠、果子狸等。

二、灌丛动物群

此类动物群的生活环境以灌丛为主，主要是以牡荆、盐肤木为主的灌丛和以火棘、野蔷薇、悬钩子为主的灌丛等。

兽类中的代表动物有鼬獾等，此外其他脊椎动物包括黄臀鹎、棕背伯劳、虎纹伯劳、白颊噪鹛、黑脸噪鹛、红嘴相思鸟、棕头鸦雀、强脚树莺、山麻雀、黄喉鹀等。

三、灌草丛动物群

此类动物群的生境植被以禾本科、菊科的植物为主，主要是以芒为主的灌草丛和以芒、牛尾蒿为主的灌草丛，群落中杂有少量的栎类、蔷薇属、悬钩子属植物及响叶杨等。

兽类中的代表动物有草兔等，此外其他脊椎动物包括石龙子、蝘蜓、北草蜥、平鳞钝头蛇、虎斑颈槽蛇、赤链蛇、王锦蛇、雉鸡等。

四、农田动物群

农田分为水田和旱地；在水田环境中的人工植被以水稻为主；旱地植被以玉米、小麦或油菜为主。

在水田环境中，主要生活着两栖类、鼠类等，兽类中的代表动物有黑线姬鼠等，此外其他脊椎动物包括纹姬蛙、泽蛙、黑斑蛙、苍鹭、白鹭、池鹭、白胸苦恶鸟等。

在旱地环境中，主要生活着一些兽类及一些常来取食活动的鸟类等，代表动物有灰麝鼩、黑线姬鼠、黄胸鼠、大足鼠、褐家鼠、社鼠、中华大蟾蜍、白腰纹鸟、灰鹡鸰、白鹡鸰、黄臀鹎、三道眉草鹀、棕背伯劳等。

五、居民点动物群

居民点动物群的生态环境主要由居民点建筑物、风景林、果木林、菜园地等组成。常见的植物种类有香椿、慈竹、泡桐、构树、复羽叶栾树、梨树、杜仲、核桃、女贞等。

兽类中的代表动物有黄胸鼠、褐家鼠、小家鼠等，此外其他脊椎动物包括中华大蟾蜍、多疣壁虎、鸢、珠颈斑鸠、斑头鸺鹠、金腰燕、黄臀鹎、棕背伯劳、黑枕黄鹂、灰卷尾、白鹡鸰、八哥、喜鹊、大嘴乌鸦、白颈鸦、鹊鸲、乌鸫、树麻雀、金翅雀、三道眉草鹀等。

六、地栖型动物群

这类动物是典型的在地下生活的动物，它们的前肢呈铲状，善于挖掘，眼不发达，在地下打洞觅食，一般不到地面上来，如小鼩鼱、灰麝鼩、短尾鼩等。

第十章　生物多样性空间格局及成因分析

生物多样性空间格局及成因分析能够直观地揭示研究区范围内不同区域的生物多样性丰富程度与环境因子的关系，是生物多样性保护和管理的基础及重要手段，是准确监测及实现生物多样性保护的必要条件（韩会庆等，2016）。如何运用最优理论与研究方法分析生物多样性空间格局及成因，是国内外学者研究的重点问题（Ellis et al，2017；谢余初等，2017）。保护生物多样性的地理学方法（a geographic approach to protect biological diversity，GAP分析）（梁健超等，2017）、生态系统服务和权衡的综合评估模型（InVEST模型）（徐佩等，2013）、系统保护规划（马琳和丰俊清，2019）、物种分布模型（Alexander et al，2017）、生态位模型（Costa et al，2010）等研究方法与理论已被应用到生物多样性空间格局分析研究之中。GAP分析综合了生境类型、海拔、坡度等多种生境因子，实现对物种适宜生境分布的预测，现已成为预测物种潜在分布的常用分析方法（Scott et al，1987；李迪强和宋延龄，2000）。基于地理信息系统（GIS）的空间统计分析可以探测整个区域生物多样性的空间分布模式及其空间自相关程度（刘吉平和吕宪国，2011），同时能够定量化确定区域生物多样性高值聚集热点区和低值聚集冷点区（张松林和张昆，2007），是生物多样性热点区域空间格局分析的重要发展趋势。

澎溪河由于三峡水库"蓄清排浊"运行方式的影响，使河道两岸145～175m海拔内形成与天然河流涨落季节相反、涨落幅度高达30m的水库消落带，原陆生环境发生显著改变，成为冬季涨水为河、夏季消退为陆、干湿交互式影响的湿地环境。受澎溪河消落带生态过渡界面的属性影响，自然地理环境条件复杂多样，使动植物栖息、生存、繁殖环境发生了显著变化，因此对澎溪河湿地进行生物多样性空间格局及成因分析具有重要意义。本章基于野外实地调查、历史资料总结、文献信息整理，利用 GAP 分析和物种丰富度，揭示了澎溪河湿地生物多样性的空间分布格局；运用空间统计分析，对生物多样性空间格局的空间自相关程度进行了分析，并识别出生物多样性的热点区域；最后基于逻辑斯谛（Logistic）回归分析，进一步探讨了生物多样性空间格局与环境因子之间的耦合关系。

第一节　研 究 方 法

一、数据来源与处理

基于野外考察与实地调查结果，选取水杉（*Metasequoia glyptostroboides*）、银杏（*Ginkgo biloba*）、苏铁（*Cycas revoluta*）、香樟（*Cinnamomum camphora*）、喜树（*Camptotheca acuminata*）、绞股蓝（*Gynostemma pentaphyllum*）、胡桃（*Juglans regia*）、金荞麦（*Fagopyrum dibotrys*）等8种重点保护植物，借助 ArcGIS 矢量化得到植物点状分布图。选取大鲵、小天鹅、鸳鸯、红腹锦鸡、黑鸢、雀鹰、普通鵟、白腹隼雕、燕隼、红隼、斑头鸺鹠等重点保护动物，借助 ArcGIS 矢量化得到动物点状分布图。

借助 ArcGIS 矢量化得到保护区功能区划和低水位时期土地利用类型分布矢量图；利用空间分析模块提取得到海拔和坡度。考虑到保护区实地自然环境现状，参考相关学者的研究（李晓文，2007；孙荣等，2010），借助几何间断法，将海拔分为<155m、155～160m、160～165m、165～170m、170～180m、180～200m、200～250m、250～350m、350～500m、>500m 共 10级；坡度分为0°～5°、5°～10°、10°～15°、15°～20°、20°～25°、25°～30°、30°～35°、35°～40°、40°～50°、>50°共 10 级（表 10-1）。为方便在 ArcGIS 中进行栅格计算，对3种生境因子编码进行矫正，使得3个生境因子的不同组合形成的组合代码即为生境适宜性单元类型的代码。如10101表示由土地利用类型为1（河流水面）、海拔等级为100（<155m）、坡度等级为10 000

（0°~5°）构成的生境适宜性单元，其他编码组合类型以此类推。

表 10-1　土地利用类型、海拔和坡度3种生境适宜性因子的等级和编码

土地利用类型		海拔			坡度		
类型	编码	海拔范围/m	编码	修正后编码	坡度范围/°	编码	修正后编码
河流水面	1	<155	1	100	0~5	1	10 000
旱地	2	155~160	2	200	5~10	2	20 000
水田	3	160~165	3	300	10~15	3	30 000
其他林地	4	165~170	4	400	15~20	4	40 000
其他草地	5	170~180	5	500	20~25	5	50 000
裸地	6	180~200	6	600	25~30	6	60 000
灌木林地	7	200~250	7	700	30~35	7	70 000
有林地	8	250~350	8	800	35~40	8	80 000
村庄	9	350~500	9	900	40~50	9	90 000
采矿用地	10	>500	10	1 000	>50	10	100 000
果园	11						
水工建筑用地	12						
其他园地	13						
坑塘水面	14						
水库水面	15						
港口码头用地	16						

注：表中数据范围均为左闭右开区间。

二、物种丰富度

物种丰富度即为研究单元内重点保护动植物的总物种数，在一定程度上反映了区域生物多样性水平。物种潜在分布的预测基于GAP分析方法实现（Scott et al, 1987），该方法的实现是基于外推原理，即在同一气候范围内，经过实地调查，如果发现某物种实际分布在某种生境条件组合类型中，那么具有相同生境组合的其他区域也可能存在此物种存在的潜在位置（李晓文

等，2007）。考虑到影响物种分布的主导生态、地理因子，在 ArcGIS 软件支持下，通过空间联合，构建由土地利用类型、海拔与坡度组成的具有 3 种生境因子属性的生境适宜性单元。参考相关研究（梁健超等，2017；张殷波和马克平，2008），结合保护区空间范围及制图比例、数据精度保证、研究目的等（左伟等，2003），对保护区建立 100m×100m 的空间格网，将空间格网与生境因子图层进行空间联合，得到每个格网对应的生境组合类型。叠加现有的动植物点状分布图，获得每一物种所对应的生境条件组合类型。利用属性表选择工具，提取得到每一物种的适宜生境分布图，对其添加字段赋值为 1，代表存在此物种。最后，将所有物种适宜生境分布图基于空间格网编码值进行属性表连接，统计每个格网内的物种数，从而获得保护区动植物物种丰富度空间分布图层（李迪强和宋延龄，2000）。

三、空间自相关

空间自相关包括全局和局部空间自相关（刘吉平等，2010），检验具有空间位置的某要素属性值与其相邻空间点上的属性值是否存在显著相关性。全局空间自相关一般用 Moran I（莫兰 I 数）表示，Moran I 的取值范围在 −1 与 1之间。Moran I>0 表示物种丰富度呈空间正相关性，其值越大，说明空间相关性越明显；Moran I<0 表示物种丰富度呈空间负相关性，其值越小，说明空间差异越大；否则，Moran I=0，空间呈随机性，以此来探测整个保护区物种丰富度的空间模式及其自相关程度。全局 Moran I 的存在可能会遮掩局部状态的不稳定性的情况，导致其无法准确检测相邻评价单元之间的物种丰富度的空间关联模式。因此，利用空间关联局域指标（local indicators of spatial association，LISA）来计算每一空间格网与邻近格网之间物种丰富度的相关程度，探测局部地区是否存在显著的物种丰富度高−高集聚区和低−低集聚区（刘吉平和吕宪国，2011）。其计算公式（王瑞等，2014）分别为

$$\text{Moran I} = \frac{N \sum\limits_{i=1}^{N} \sum\limits_{j=1}^{N} W_{ij}(y_i - \overline{y})(y_j - \overline{y})}{\sum\limits_{i=1}^{N} \sum\limits_{j=1}^{N} W_{ij} \sum\limits_{i=1}^{N} (y_i - \overline{y})^2} \qquad (i \neq j)$$

$$I_i = \frac{(y_i - \overline{y})}{\delta} \sum_{j=1}^{N} W_{ij}(y_j - \overline{y})$$

式中，y_i 和 y_j 分别是空间格网 i 和 j 位置上的物种丰富度，N 为空间格网总数，$\overline{y}$ 为物种丰富度平均值，I_i 为局部空间自相关系数，W_{ij} 为权重，δ 为 y 的标准差。

生物多样性的热点区域就是物种丰富度聚集度高的区域，利用空间相关分析中基于距离权重矩阵的局部空间自相关指数 G_i^* 来识别研究区物种丰富度高值聚集热点区和低值聚集冷点区（张松林和张昆，2007）。其计算公式为

$$G_i^* = \frac{\sum_{j=1}^{N} W_{ij} y_j}{\sum_{j=1}^{N} y_j}$$

G_i^* 的统计意义可通过标准化的 Z 值来检验，因此通常对 G_i^* 进行标准化处理得到 $Z(G_i^*)$。$Z(G_i^*) > 0$，表示评价单元格网 i 相邻格网的物种丰富度值高，$Z(G_i^*) < 0$，表示评价单元格网 i 相邻格网的物种丰富度值低（徐佩等，2013）。若 $Z(G_i^*) > 2.58$，为显著高值聚集区，规定作为热点区域；$1.65 < Z(G_i^*) \leq 2.58$，为较显著高值聚集区，规定作为次热点区域；那么 $Z(G_i^*) < -2.58$，则为显著低值聚集区，规定作为冷点区域；$-2.58 \leq Z(G_i^*) < -1.65$，则为较显著低值聚集区，规定作为次冷点区域（张松林和张昆，2007）。

四、Logistic 回归模型

Logistic 回归模型是针对因变量是二分类的分类变量，自变量是连续变量或混合变量而建立的模型（Achmad et al，2015），借助 Logistic 回归模型来分析多个自变量与一个因变量变化的依存关系，能够解释因变量的发生概率，在生物多样性空间格局成因机制分析中具有一定优势。Logistic 回归模型能够确定解释变量 X_n 对预期分类因变量 Y 发生概率的作用和强度。假定 x 是反应变量，设 p 为事件发生概率，取值范围区间为 $0 \sim 1$，$1-p$ 为事件不发生概率，相应的回归模型为

$$\ln\left(\frac{p}{1-p}\right) = \alpha + \sum_{i=1}^{n} \beta_i x_i$$

式中，p 为事件发生概率，x_i 为影响概率分布的因素，α 为常数项，β_i 为回归

系数，n 为影响因素总数。发生事件的概率是由解释变量 x_i 构成的非线性函数，表达式为

$$p = \frac{\exp(\alpha + \sum_{i=1}^{n} \beta_i x_i)}{1 + \exp(\alpha + \sum_{i=1}^{n} \beta_i x_i)}$$

Logistic 回归模型利用卡方值（Wald）统计量对 Logistic 回归系数显著性水平进行检验。Wald 统计量表示在模型中每个解释变量的相对权重，主要用来评价解释变量对事件预测的贡献力（谢花林和李波，2008）。如果概率 p 小于显著性水平 α（α=0.05），则拒绝零假设，则解释变量 X_n 与概率 p 之间的线性关系显著。当模型估计完成后，还需要检验预测值能否与对应的观测值有较高的一致性，即拟合优度。本书对回归模型拟合优度利用受试者工作特征曲线（ROC）进行检验，一般 ROC 值越大，回归方程拟合优度越好。普遍认为，当 ROC 值大于或等于 0.725 时，预测值与观测值有较高的一致性，方程的拟合优度较高（荣子容等，2012）。

第二节 植物多样性空间格局分析

基于植物丰富度空间格局（图10-1），可见澎溪河湿地自然保护区植物分布相对集中。植物物种丰富度较高（5~7种/hm²）的区域面积为117.58hm²，占整个保护区面积的2.86%，主要分布在澎溪河、普里河及白夹溪沿岸地区，如老作坊、狮子包、大浪坝、肖山家林、邓家湾、铧头咀、懒板凳湾等。植物物种丰富度低值区（0种/hm²）的面积为1133.05hm²，主要分布在黄树梁至偏岩子海拔较高区域以及沿垭口、二岩上、髁膝包梁、石地坝、下作坊、碾子、河水田、胡家院子、松林湾一带至保护区西侧边界区域。

采用每个评价格网单元的二元邻接矩阵作为空间权重矩阵，基于 ArcGIS 空间统计分析得到植物丰富度的全局 Moran I 为正值。可见，植物物种丰富度在空间分布上具有较明显的正相关性，即邻近评价格网之间存在相互联系、

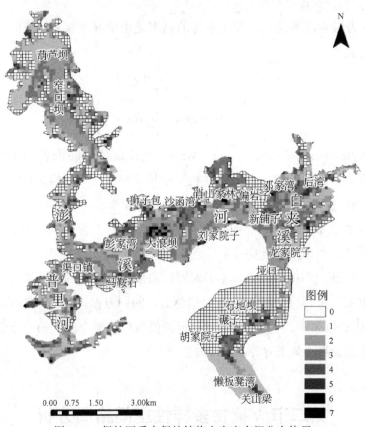

图 10-1　保护区重点保护植物丰富度空间分布格局

相互影响，在空间上呈显著相似性。利用局部空间自相关分析，采用共边邻接（Rook）的邻接权重矩阵得到保护区重点保护植物丰富度的局部空间自相关结果（图 10-2），以此确定是否存在植物丰富度值的高值或低值的局部空间聚集。

植物物种丰富度的空间分布以高-高聚集和低-低聚集类型为主。高-高聚集是指植物物种丰富度高值被高值所包围的区域，植物丰富度高-高聚集区主要分布在渠口镇以下白夹溪河口以上澎溪河流域的马鞍石、三星寨、大浪坝、狮子包、沙函湾、双包寨、下坝院子、肖山家林以及白夹溪流域的蒋家院子、后湾、堰塘湾、铧头咀、新铺子等区域。低-低聚集是指物种丰富度低值被低值所包围的区域，生物多样性低-低聚集区主要分布在保护区黄树梁至偏岩子海拔较高区域，集中分布在东南部澎溪河峡谷段 300m 以上海拔范围

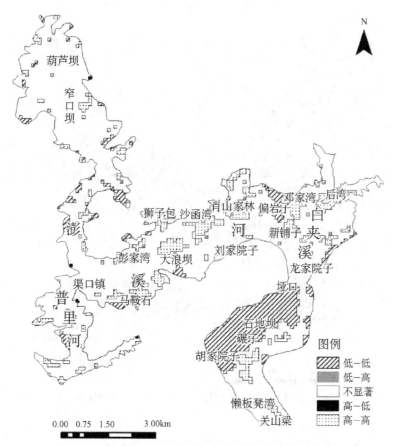

图 10-2 保护区重点保护植物丰富度的局部空间自相关

内，尤其是沿垭口、二岩上、髁膝包梁、石地坝、下作坊、碾子、河水田、胡家院子、松林湾一带海拔300m以上的区域。

　　基于局部空间自相关指数 G_i^*，对植物丰富度冷热点区域进行识别与空间格局分析（图10-3）。植物多样性热点区域集中分布在澎溪河流域的老作坊、李家院子、马鞍石、狮子包、大浪坝、沙函湾、双包寨、下坝院子、肖山家林以及白夹溪流域的蒋家院子、邓家湾、后湾、堰塘湾、铧头咀、新铺子等区域。生物多样性热点区域面积达589.38hm²，占保护区总面积的14.35%；次热点区域面积为 212.44hm²，在热点区域外围延伸分布。冷点区域面积为595.63hm²，主要分布在黄树梁至偏岩子海拔较高区域以及碾子至松林湾等受人为干扰影响较显著的区域。

图 10-3　保护区重点保护植物丰富度冷热点区域

第三节　动物多样性空间格局分析

基于保护区重点保护动物丰富度空间分布格局（图10-4），可见澎溪河湿地自然保护区动物分布格局与植物有所差别。动物物种丰富度较高（8～15种/hm²）的区域面积为1138.92hm²，占整个保护区面积的27.73%，主要分布在澎溪河、普里河、白夹溪及其沿岸地区，如葫芦坝、窄口坝、龙王堂、郭家院子、彭家湾、大浪坝、下坝院子、邓家湾至龙家院子一带等区域。动物物种丰富度低值区（0种/hm²）面积为977.03hm²，主要分布在保护区东南部澎溪河峡谷段海拔大于300m范围，尤其是垭口、二岩上、髁膝包梁、石地坝、下作坊、碾子、河水田、胡家院子、松林湾至懒板凳湾一带的海拔400m以上区域。

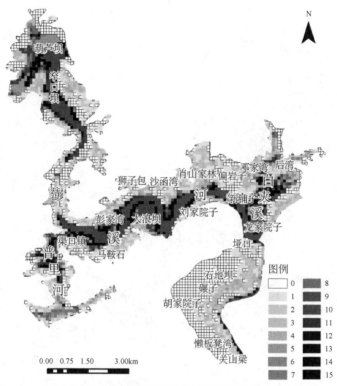

图 10-4 保护区重点保护动物丰富度空间分布格局

基于 ArcGIS 空间统计分析得到动物丰富度的全局 Moran I 指数为正值，说明动物物种丰富度在空间分布上具有较明显的正相关性，在空间上呈显著相似性。由保护区重点保护动物丰富度的局部空间自相关结果（图 10-5）可知，动物物种丰富度值存在显著的高-高聚集和低-低聚集。高-高聚集是指动物物种丰富度高值被高值所包围的区域，动物丰富度高-高聚集区面积达 1026.21hm²，占整个保护区面积的 24.99%。高-高聚集区主要分布在保护区普里河口至龙王堂区域、白夹溪邓家湾、洞子岩、龙王塘、旧屋咀、铧头咀、新铺子至龙家院子等区域、澎溪河上游段的葫芦坝、窄口坝及猪槽坝等区域以及渠口镇至白夹溪河口的澎溪河流域段。低-低聚集区则主要分布在保护区东南部澎溪河峡谷段 300m 以上海拔范围内，尤其是沿髁膝包梁、石地坝、下作坊、碾子、河水田、胡家院子、松林湾至懒板凳湾一带的海拔 400m 以上区域。

图 10-5　保护区重点保护动物丰富度的局部空间自相关

利用 ArcGIS 空间统计工具中的热点分析方法，基于空间自相关指数 G_i^*，识别出动物多样性热点区域集中分布在普里河口至龙王堂区域，白夹溪小垭口、邓家湾至龙家院子等区域以及澎溪河流域的葫芦坝、窄口坝、猪槽坝、郭家院子、大浪坝、石仓、刘家院子（图 10-6）。热点区域面积达 990.54hm²，占保护区总面积的 24.12%；次热点区域面积为 110.05hm²，在热点区域周围延伸分布。冷点区域面积为 34.77hm²，次冷点区域面积为 558.43hm²，主要分布在二岩上、髁膝包梁、石地坝、下作坊、碾子、河水田、胡家院子、松林湾至懒板凳湾等受人为干扰影响较显著的区域。

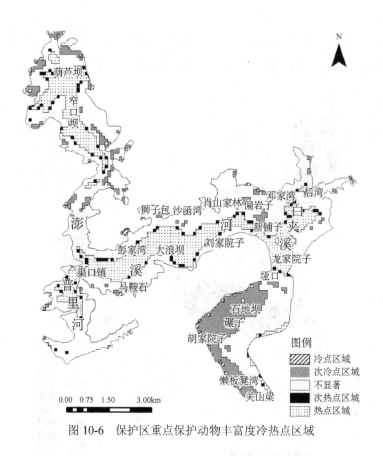

图 10-6　保护区重点保护动物丰富度冷热点区域

第四节　重点保护动植物空间格局分析

　　重庆澎溪河湿地自然保护区是保护水生生物和陆生生物以及生物生存生境共同组成的湿地生态系统。基于保护区重点保护动植物丰富度空间分布格局（图10-7），可见生物多样性空间格局呈现出随距河流及两岸的距离增加而减少的趋势。高物种丰富度（10～20 种/hm²）区域面积达 1115.42hm²，占保护区总面积的27.16%，且高丰富度值主要集中在澎溪河、普里河、白夹溪及其沿岸地区。保护区单位评价格网内物种数大于等于19种的格网共7个，其中有5个位于白夹溪邓家湾、铧头咀、龙家院子附近区域，2个位于大浪坝。可见以上区域的物种丰富度等级最高，包含物种数最多。物种丰富度低值区

（0 种/hm²）面积为 564.93hm²，占整个保护区面积的 13.76%，主要分布在黄树梁至偏岩子海拔较高区域以及二岩上至松林湾等受人为干扰较显著的区域。

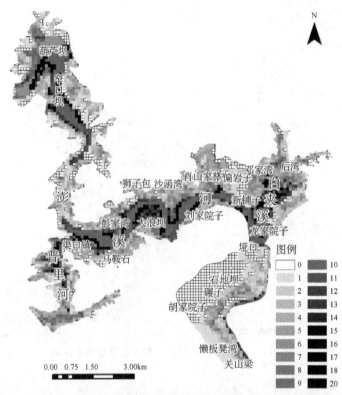

图 10-7　保护区重点保护动植物丰富度空间分布格局
环境异质性导致物种丰富度结果不存在 19 种动植物适宜生境同时在某一空间格网的情况

基于 ArcGIS 空间统计分析得到物种丰富度的全局 Moran I 为正值。可见物种丰富度呈现出较明显的空间正相关性。由图 10-8 可知，物种丰富度的空间分布以高-高聚集和低-低聚集类型为主。生物多样性高-高聚集区面积为 899.14hm²，主要分布在普里河段龙王堂附近区域，白夹溪小垭口、邓家湾、洞子岩、旧屋咀、铧头咀、新铺子至白夹溪河口龙家院子一带，澎溪河上游段的葫芦坝、窄口坝、猪槽坝等区域以及普里河口至白夹溪河口澎溪河干流段的郭家院子、彭家湾、大浪坝、石仓、刘家院子等区域。高-高聚集区域与保护区功能区划的核心区重叠率达 73.87%，另外有 16.88% 的热点区域与缓冲区重叠。可见，保护区所采取的生态恢复工程使生境破碎化状况得到改善，生境之间连通性增强，生态系统呈现出稳定发展趋势。尤其是已实施的林泽工程、基塘工程、鸟类生境再造工程等，创造了多种多样的生境类型与生态系统结构，为众多生物提供了生存环境支持。此外，核心区外围的森林环境对涵养湿地水源、降解地表径流污染物、提供生物栖息地等具有重要作用。

低-低聚集区面积为282.09hm²，主要分布在保护区东南部澎溪河峡谷段海拔大于350m范围内，尤其是二岩上、髁膝包梁、石地坝、下作坊、碾子、河水田、胡家院子、松林湾一带的海拔350m以上区域。低-低聚集区内人类活动强度较高，具有高密度的旱地、水田，人类居住地如村庄等广布，自然环境受人类耕作、采矿等干扰剧烈，灌木林地、草地、林地等生境类型不断破碎化，大大降低了其连通性，使其呈离散分布趋势。另外低-低聚集区裸地面积较大，湿地生境面积较小，海拔较高，环境条件无法支撑众多生物并存，成为物种丰富度低值聚集区。

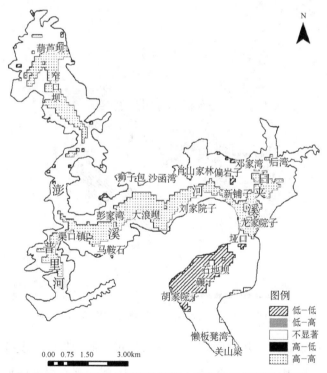

图 10-8　保护区重点保护动植物丰富度的局部空间自相关

基于局部空间自相关指数 G_i^*，识别出重点保护动植物丰富度热点区域面积为944.79hm²，占保护区总面积的23.00%。次热点区域在热点区域周围延伸分布，面积为121.97hm²，占保护区总面积的2.97%。自保护区实施基塘工程、鸟类生境修复工程、林泽工程等生态修复工程以来，澎溪河消落带生态系统日趋稳定，整体的生态系统服务功能得到优化提升（Yue et al, 2016）。保护区生境异质性大大增加，为生物提供了大量栖息、觅食、繁衍和避难场所，形成生物多样性热点区。生物多样性冷点区域主要分布在保护区东南部澎溪河峡谷段海拔350m以上区域。此外，保护区中部澎溪河左岸的黄树梁、郭家坡、困牛石、偏岩子、李子林及尖包梁所在区域同样为物种丰富度冷点区（图10-9）。

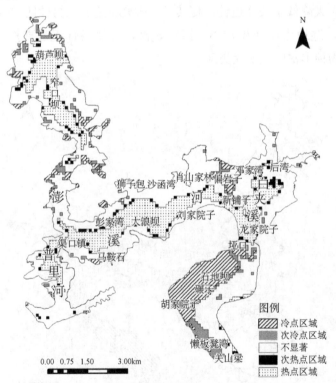

图 10-9　保护区重点保护动植物丰富度冷热点区域

基于物种丰富度冷热点区域空间格局分布特征，将其与现有保护区划进行对比分析（图10-10），可见仍有部分热点区域未划入现有保护区功能分区的核心区，如普里河段龙王堂区域、白夹溪小垭口、邓家湾、洞子岩、龙王塘、旧屋咀、铧头咀、新铺子至龙家院子等区域。未涵盖在核心区的热点区域有166.02hm²（17.57%）落在缓冲区内，实验区内包含10.50%的热点区域，面积为99.18hm²。71.93%的热点区域与核心区重叠，53.73%的次热点区域与核心区重叠。说明当前保护区功能区划仍存在保护空缺，建议将热点区域划入核心区进行保护管理，满足生物多样性保护的最大化需求，进一步完善保护区功能区划。

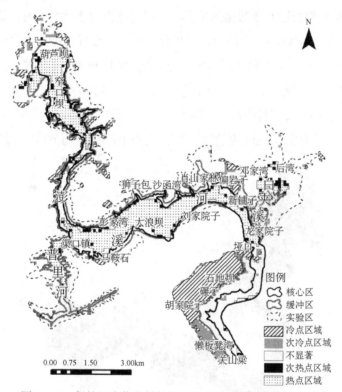

图 10-10　保护区生物多样性热点区域与现有功能区划对比

　　当前保护区功能区划核心区内，热点区域与次热点区域面积占核心区总面积的比例仅为60.88%，面积分别为679.60hm²和65.54hm²。1.95%的次冷点区域（8.90hm²）以及8.7%的冷点区域（24.97hm²）也被划入了核心区，两者占核心区总面积的比例为2.77%，建议今后合理优化保护区功能分区，将冷点区域划入核心区之外，构建科学合理的保护地功能分区（马琳和李俊清，2019）。根据国家林业和草原局建议，完善分区管控，将现有自然保护区功能

区划的核心区、缓冲区、实验区重新优化调整为核心保护区和一般控制区
（林凯旋和周敏，2019）。

第五节　生物多样性空间格局成因机制分析

　　Logistic回归方法基于数据的抽样，可以筛选出对事件发生与否影响较为显
著的因素，同时剔除不显著的因素。以保护区生物多样性冷热点区域作为因变
量，其取值编码为"0"和"1"，"0"表示冷点区域和次冷点区域，"1"表示热
点区域和次热点区域。本着科学性、代表性与可获取性的选取原则，选取高程，
坡度，距河流距离，距村庄距离，距采矿用地、水工建筑用地、港口码头用地距
离5个驱动因素构建Logistic驱动因子数据库，构建驱动因子图层（图10-11）。

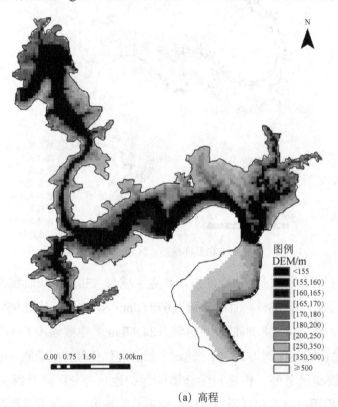

（a）高程

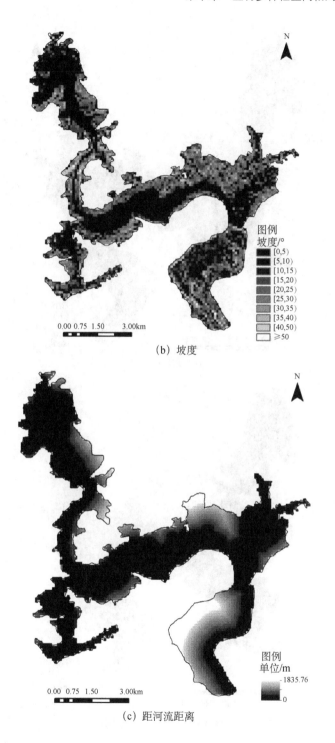

N

图例
坡度/°
[0,5)
[5,10)
[10,15)
[15,20)
[20,25)
[25,30)
[30,35)
[35,40)
[40,50)
≥50

0.00 0.75 1.50   3.00km

（b）坡度

N

图例
单位/m
1835.76

0

0.00 0.75 1.50   3.00km

（c）距河流距离

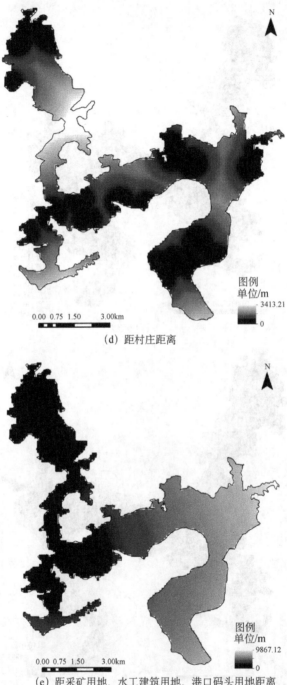

（d）距村庄距离

（e）距采矿用地、水工建筑用地、港口码头用地距离

图 10-11　驱动因子图层

由表10-2中Wald统计量可知，生物多样性空间格局重要的解释变量为距河流距离、高程、坡度、距村庄距离。高程和坡度的回归系数为负值，可见在澎溪河湿地自然保护区内，海拔越高、坡度越大，生物多样性水平相对越低。高程每增加一个等级，生物多样性水平下降的概率可能增加1.148倍。坡度每增加一个等级，生物多样性水平下降的概率可能会增加1.072倍。距离河流越近，生物多样性水平越高，距河流距离每增加一个单位，生物多样性水平提高的概率将会增加1.010倍。这是由澎溪河消落带生态过渡带的生境属性所决定的。消落带属于水域和陆域相互作用的生态界面，水生生物群落与陆生生物群落交错分布是该区域的重要特征，具有高密度的生物种类。河流水体和附属陆域共同构成岸线空间多样的自然资源，河流微生境形式多样，深潭、浅滩、沱、漫滩等为藻类、大型底栖动物和鱼类提供了栖息、繁衍场所。例如：深潭内水量充足，流速小，可以为水生生物，特别是鱼类提供休息场所；浅滩生境易于形成湿地，可为鸟类、昆虫等提供栖息地；漫滩草地、灌丛等植被为水生动物及两栖动物提供了良好的庇护条件，是重要的栖息地和食物来源地，因此成为鸟类重要的觅食地、栖息地和庇护场所。

表 10-2　Logistic 回归模型拟合结果

自变量	回归系数	Wald统计量	发生率
高程/m	−0.138**	30.315	1.148
坡度/(°)	−0.098**	10.515	1.072
距河流距离/m	−0.010**	57.446	1.010
距村庄距离/m	0.038**	10.037	0.952
距采矿用地、水工建筑用地、港口码头用地距离/m	0.023	5.960	0.893
常量	1.620**	42.577	0.198

注：**代表 $P<0.01$。

距村庄距离，距采矿用地、水工建筑用地、港口码头用地距离的回归系数为正值，可见在该区域人为干扰强度与生物多样性呈负相关，即距村庄、采矿用地、水工建筑用地、港口码头用地等距离越近，生物多样性水平越低。受人为活动辐射影响，距村庄距离每增加一个单位，生物多样性提高的概率是原来的1.050倍（1/0.952）；距采矿用地、水工建筑用地、港口码头用地距离每增加一个单位，生物多样性提高的概率增加1.120倍（1/0.893）。

综上可见，澎溪河湿地生物多样性空间格局受自然因素和人为干扰的共同影响，其中以自然因素为主导驱动因素。实际上，在水陆交错环境下，消落带生境条件复杂，自然生境因素之间交互作用明显，众多因子的交互作用可能才是生物多样性空间格局的主要成因。本书只考虑了以上具有代表性的五个影响因子，未考虑更大范围内其他潜在影响因素，解释能力有限。保护区周围城市、村庄、道路密度、斑块大小、斑块连通性、景观破碎化水平等景观层面影响因素和更大强度的人为干扰因素实际上也在一定程度上影响着澎溪河湿地生物多样性空间格局。尤其是具有正向作用的生态修复工程，对维持湿地生物多样性水平具有重要意义。

第十一章　湿地生态系统评价

第一节　湿地资源现状

澎溪河湿地自然保护区湿地资源丰富，分为两大类、八个型，即自然湿地和人工湿地两大类，包括永久性河流湿地、季节性河流湿地、洪泛湿地（河漫滩及沙洲等）、沼泽湿地、库塘湿地、人工蓄水池、水生植物种植田、水生动物养殖塘等。澎溪河湿地自然保护区湿地资源中最具代表性和特殊性的就是三峡水库蓄水后形成的消落带湿地。消落带湿地属于人工湿地中的库塘湿地。消落带类型包括宽谷型消落带、峡谷型消落带、岛屿型消落带、库湾型消落带、湖盆型消落带、土质库岸消落带、基岩质库岸消落带等。澎溪河消落带湿地是三峡水库消落带的重要组成部分。

保护区湿地生物资源丰富。在保护区的高等植物中，湿地植物达111种，这些丰富的湿地植物形成了多种多样的湿地植被类型，包括挺水植物群落、沉水植物群落、漂浮植物群落、浮叶植物群落。三峡水库蓄水后，由于水面增大，湖汊和库湾增多，湿地植物资源丰富，保护区已经成为鸟类越冬的乐园。

澎溪河湿地自然保护区以其特有的地理位置、丰富的湿地生态资源和众多的湿地动植物种类而备受关注。

第二节　消落带湿地成因

消落带是指江河、湖泊、水库等水体季节性涨落使水陆衔接地带的土地被周期性淹没和出露成陆而形成的干湿交替地带，是水、陆及其生态系统的交错过渡与衔接区域，受水、陆规律性移动的影响，具有特殊而不稳定的生态环境条件，物质、能量、信息交换频繁而强烈，对外界变化反应敏感，是生态脆弱带；消落带生态环境受水位消涨和陆岸带人类活动的影响，又影响着江河湖库水体及陆岸带人群的生产生活与健康，是特殊的自然-社会-经济复合生态系统。江河、湖泊消落带水位的涨落主要受季节性降水和地表地下径流的控制，水库消落带水位的消长主要受水库为调蓄洪水、发电、航运、灌溉、供输水而运行调度的控制。水库消落带通常是指正常蓄水位与死水位或枯期低水位之间的区域。三峡水库消落带是指三峡水库正常蓄水位175m与防洪限制水位145m之间的区域。

三峡水库的运行方案是"蓄清排浊"，即在保证正常发电、航运的条件下，在长江高输沙量的汛期开闸放水、拉沙，形成水库的低水位时期；在输沙量和径流量小的枯水期蓄水，以尽量减少泥沙在库内的淤积，是水库的高水位时期。2010年10月，三峡水库完成175m试验性蓄水后，随着水库的运行，已经形成30m落差的水库消落带。三峡水库运行的调度安排是：6～9月按防洪限制水位145m运行，9月下旬开始蓄水，水位迅速上升，至10月底升至正常蓄水位175m；11～12月保持正常蓄水位，1～4月为供水期，水位缓慢下降，5月底又降到防洪限制水位145m。由此，三峡水库完成175m蓄水后，在海拔145～175m水库两岸，形成了与天然河流涨落季节相反、涨落幅度高达30m的水库消落带。

三峡水库消落带总面积为348.93km^2，其中重庆库区消落带面积为306.28km^2（表11-1）。

表 11-1　三峡水库消落带按流域分布情况

河流名称	库区面积/km^2	河流长度/km	175m水位线周长/km	消落带面积/km^2	175m水位库面宽度/km	消落带平均宽度/km
长江	543.29	665.14	2603.19	140.53	0.89	0.21
嘉陵江	23.41	71.90	212.14	5.05	0.35	0.06
乌江	22.95	87.03	212.45	10.27	0.29	0.12
澎溪河	53.45	52.55	385.46	55.47	1.10	1.06
梅溪河	13.58	32.13	269.01	7.55	0.46	0.23

续表

河流名称	库区面积/km²	河流长度/km	175m水位线周长/km	消落带面积/km²	175m水位库面宽度/km	消落带平均宽度/km
汤溪河	11.60	43.84	211.43	6.65	0.29	0.15
大宁河	28.84	61.93	277.90	16.27	0.50	0.26
磨刀溪	12.40	35.26	173.64	6.82	0.38	0.19
抱龙河	2.08	13.87	112.28	1.34	0.16	0.10
长滩河	6.35	19.52	216.68	5.81	0.35	0.30
其他支流	50.40		207.21	50.52		
合计	768.35		4881.39	306.28		

三峡水库的重庆库区消落带涉及巫山、巫溪、奉节、云阳、开州、万州、忠县、丰都、石柱、涪陵、武隆、长寿、渝北、巴南、江北、南岸、渝中、沙坪坝、北碚、九龙坡、大渡口和江津等22个区县。在三峡水库一级支流中，澎溪河消落带面积最大，从云阳的澎溪河口，到澎溪河支流南河开州上游的平安溪，长达52.55km的河道，形成了周长为385.46km、面积为55.47km²的消落带，占三峡水库消落带总面积的15.90%，消落带平均宽度为1.06km。开州消落带分布在澎溪河流域，面积为42.78km²，占三峡水库消落带总面积的12.26%。

第三节　消落带湿地生态功能

一、三峡水库蓄洪、泄水、输水功能

澎溪河消落带湿地是三峡水库蓄洪、泄水调度运行所形成的水位消涨区，亦是我国中线南水北调工程重要的补水输移区。三峡水库蓄洪泄水对保障长江中下游流域防洪、三峡工程发电、长江上游航运和南水北调取水具有重要作用，三峡工程主要经济社会效益功能依托消落带蓄洪泄水保障。

二、生态缓冲，保护三峡水库生态安全功能

长江上游是长江流域的重要生态屏障，三峡水库是重要生态屏障的咽

喉。21世纪是清洁水资源逐渐成为主导的世纪，三峡水库蓄水达393亿 m^3，是我国和世界最大、最重要的清洁淡水资源宝库。库区陆域流失的水土和排放的污染物有相当部分通过水库干支流消落带而进入水库，人类其他活动对水库的干扰影响亦主要通过消落带进行。消落带湿地生态系统是三峡水库水陆生态系统之间衔接过渡的重要子系统，是水陆生态系统间进行物质能量传输与转换的最主要、最活跃地带。水库消落带湿地生态系统具有拦截陆域高地泥沙、防止水土流失、保护库岸稳定、净化地表径流污染等的生态服务功能，缓冲陆岸带人类活动对水库的污染和直接干扰，具有保障三峡水库生态与环境安全的功能，是水库防御陆域干扰破坏的最重要一道生态屏障。

三、生态景观功能

三峡工程是举世瞩目的宏伟工程，三峡是国际黄金旅游带，三峡水库生态景观对中国及中华民族的世界形象和声誉至关重要。澎溪河消落带湿地是库区陆地生态景观与水库水生生态景观的交错过渡带，具有衔接和促进水陆生态景观稳定与发展的功能，对库区生态景观整体格局及主要景区景点旅游景观的优化发展建设具有重要作用。

四、库岸带城乡居民生产生活环境和保护人群健康功能

澎溪河消落带湿地紧邻的库岸带分布着集镇和广大农村，消落带湿地是库岸带城乡居民及库区移民重要的生产生活环境，是其生存和发展的基本条件。消落带湿地具有为库岸带城乡居民及库区移民提供良好生产生活环境并保障人群健康的生态功能。

五、生物多样性及栖息地功能

澎溪河消落带湿地面积大，库岸线蜿蜒曲折，具有水体、陆地、水陆交互和库湾、"湖盆"、河口、岛屿等不同的生态环境，水陆生态系统物质能量传输与转换频繁强烈，为水、陆、两栖生物提供了多种多样的生存条件，是候鸟、留鸟、鱼类及珍稀濒危水禽与水生生物优良的生存繁衍场所与迁徙通

道，是物种生命活动活跃的区域（Wu et al，2004）。

第四节　湿地生态系统综合评价

一、评价指标筛选原则与指标体系

（一）评价指标筛选原则

对自然保护区及其保护对象进行生态评价，可以鉴别保护区的生态价值和科学意义，从而为选择建立自然保护区提供科学依据（薛达元和蒋明康，1994）。为了选择出最能反映保护区生态环境质量的指标，在选取指标时必须考虑以下几个原则。

可行性原则：选择的指标要充分考虑保护区现有资料的掌握程度，能做到定量与定性评价相结合。

操作性原则：选择的指标必须实用，在使用上简单易懂，易于掌握运用。

避免重复原则：指标之间有时界线不太清楚，会出现内容上的交叉重叠，应对指标进行定义，删除次要的交叉指标，保持指标的独立性。

系统性原则：选择的指标要成为一个完整的指标体系，该体系要求包含能反映自然保护区生态质量的主要方面。

（二）评价指标体系

根据上述原则，筛选出 6 个主要指标，即多样性、代表性、稀有性、自然性、面积适宜性和生存威胁。

（1）多样性：是反映物种多样性及其生境复杂性的一个指标，是自然保护区评价总使用频率最高的指标之一。多样性包括遗传多样性、生境多样性和物种多样性三个层次。当评价对象是较大的生态系统时，多采用群落多样性和生境多样性（即生态系统多样性）。

（2）代表性：是度量自然保护区的生物区系、群落结构和生态环境与所在的生物地理省和某一生态地理区域内的整个生物区系、群落结构和生态系统的相似性的指标。

（3）稀有性：用来度量物种和生境等在自然界现存数量的稀有程度，包括物种濒危程度、物种地区分布、生境稀有性。

（4）自然性：是度量自然保护区内保护对象受人为干扰程度的指标，常称为自然度。其定量评价主要以生态系统受破坏的程度为依据，根据人为影响的大小将自然性分为四个类型：完全自然型保护区、受扰自然型保护区、退化自然型保护区、人工修复型保护区。

（5）面积适宜性：保护区面积越大，所保护的生态系统越稳定，生物种群越安全。但自然保护区建设必须协调经济发展，为了兼顾长远利益和当前利益，自然保护区只能限于一定的面积。对于每一个保护区来说，其面积适宜性显得十分重要。

（6）生存威胁：是指自然保护区所面临的人类干扰压力，包括两个方面，一是土地利用的竞争压力，二是对保护区内保护对象的干扰。

二、保护区生态系统综合评价

根据薛达元和郑允文（1994）的研究，列出自然生态系统类型和野生生物类型自然保护区的生态评价赋分标准（表11-2）。

表 11-2 澎溪河湿地自然保护区生态系统综合评价

一级指标	二级指标	三级指标	内容	得分
A 多样性（满分为25分）	A1 物种多样性（=A1.1+A1.2）	A1.1 物种多度	① 物种多样性极丰富，高等植物＞2000 种，或高等动物＞300 种（8 分）	6.0
			② 物种多样性较丰富，高等植物 1000～1999 种，或高等动物 200～299 种（6 分）	
			③ 物种多样性中等丰富，高等植物 500～999 种，或高等动物 100～199 种（4 分）	
			④ 物种较少，高等植物＜500 种，或高等动物＜100 种（2 分）	
		A1.2 物种相对丰度	① 保护区内物种数占其所在生物地理区或行政区内物种总数的比例极高，＞50%（7 分）	5.0
			② 保护区内物种数占其所在生物地理区或行政区内物种总数的比例较高，达 30%～50%（5 分）	
			③ 保护区内物种数占其所在生物地理区或行政区内物种总数的比例一般，达 10%～29.9%（3 分）	
			④ 保护区内物种数占其所在生物地理区或行政区内物种总数的比例较低，＜10%（1 分）	

续表

一级指标	二级指标	三级指标	内容	得分
A 多样性 （满分为 25 分）	A2 生境多样性		① 保护区内生境或生态系统的组分与结构极为复杂，并且有很多种类型存在（10 分）	8.0
			② 保护区内生境或生态系统的组分与结构比较复杂，类型较为多样（8 分）	
			③ 保护区内生境或生态系统的组分与结构比较简单，类型较少（6 分）	
			④ 保护区内生境或生态系统的组分与结构简单，类型单一（4 分）	
B 代表性 （满分为 15 分）			① 在全球范围或同纬度区内具突出的代表意义（15 分）	11.0
			② 在全国范围或生物地理区内具突出的代表意义（11 分）	
			③ 在全国范围或生物地理区内具代表意义（7 分）	
			④ 代表性一般（5 分）	
C 稀有性 （满分为 20 分）	C1 物种濒危程度		① 全球性珍稀濒危物种（8 分）	6.0
			② 国家重点保护一类动物或一级、二级植物（6 分）	
			③ 国家重点保护二类动物或三级植物（4 分）	
			④ 区域性珍稀濒危物种（2 分）	
	C2 物种地区分布		① 地理分布极窄，仅有极少产地的地方性物种（6 分）	4.0
			② 地理分布较窄，或虽广布但局部少见及生物地理分布区边缘之物种（4 分）	
			③ 广布种（2 分）	
	C3 生境稀有性		① 世界范围内唯一或极重要的生境（6 分）	5.0
			② 全国或生物地理区范围内唯一或极重要的生境（4.5 分）	
			③ 地区范围内稀有或重要生境（3 分）	
			④ 常见类型（1.5 分）	
D 自然性 （满分为 15 分）			① 未受人类侵扰或极少侵扰，保持原始状态，自然生境完好，核心区未受人类影响的完全自然型保护区（15 分）	10.0
			② 已经受到轻微侵扰和破坏，但生态系统无明显的结构变化，自然生境基本完好，核心区未受或较少受到影响的受扰自然型保护区（10 分）	
			③ 已经受到严重破坏，系统结构发生变化，但尚无大量的引入物种，自然生境退化，核心区受到中等强度影响的退化自然型保护区（5 分）	

125

续表

一级指标	二级指标	三级指标	内容	得分
D 自然性（满分为15分）			④ 自然生境全面受到破坏，原生结构已不复存在，有大量的人为修饰迹象，外源物种被大量引入，核心区受到很大影响，自然状态基本已被人工状态所替代的人工修复型保护区（5分）	10.0
E 面积适宜性（满分为15分）			① 有效面积大小适宜，足以维持生态系统的结构和功能，可有效保护全部保护对象（15分）	13.0
			② 有效面积大小较适宜，能够基本维持生态系统的结构和功能，可有效保护主要保护对象（10分）	
			③ 有效面积的大小不太适宜，不易维持生态系统的结构和功能，不足以有效保护全部保护对象或主要保护对象（2分）	
F 生存威胁（满分为10分）	F1 脆弱性（=F1.1+F1.2+F1.3）	F1.1 物种生活力	① 主要或关键物种适应性差，需特化生境；或生活力弱，繁殖力很低（2分）	0.4
			② 主要或关键物种需特化生境或生活力、繁殖力较低（1.2分）	
			③ 主要或关键物种不需特化生境；生活与繁殖力强或较强（0.4分）	
		F1.2 生物种群稳定性	① 个体数量多，密度高，最小生存种群很难维持（2分）	1.2
			② 个体数量较多，但密度低，或个体数量少，但密度高，最小生存种群不易维持（1.2分）	
			③ 个体数量少，密度低，最小生存种群可以维持（0.4分）	
		F1.3 生态系统稳定性	① 生态系统处于顶级状态，结构完整合理，较稳定（2分）	1.2
			② 生态系统较为成熟或结构较不完整或较不合理，很脆弱（1.2分）	
			③ 生态系统较不成熟或结构不完整或不合理，较脆弱（0.4分）	
	F2 人类威胁（=F2.1+F2.2）	F2.1 直接威胁（区内资源开发利用状况）	① 保护区的核心区和缓冲区内很少有人类的侵扰，或者人们对保护区的实验区内水体、土地、矿藏、生物或景观等资源开发利用较适度，对资源的有效保护不构成威胁（2分）	1.6
			② 缓冲区有少量的人类侵扰性活动存在，人们开发利用实验区内的水体、土地、矿藏、生物或景观等资源的强度较高，资源的有效保护受到一定威胁（1.2分）	
			③ 缓冲区人类侵扰性活动强度较大，有开发利用核心区内的水体、土地、矿藏、生物或景观等资源的趋势，资源的有效保护受到较大威胁（1.2分）	

续表

一级指标	二级指标	三级指标	内容	得分
F 生存威胁（满分为10分）	F2 人类威胁（=F2.1+F2.2）	F2.2 间接威胁（周边地区开发状况）	① 保护区与另一保护区毗邻或有通道相连或为未开发生境所环绕（2分） ② 保护区部分周边地区尚存有未开发的生境（1.2分） ③ 保护区已为开发区域所环绕（0.4分）	1.0
总分				73.4

在表11-2中，6项指标的赋分有所不同，在二级指标中引用了权重。赋分标准的总分为100分，对保护区作生态评价后的总分计算为各评价指标得分相加的和，即总分 R 为

$$R=\Sigma Ai+B+\Sigma Ci\lambda+D+E+\Sigma Fi$$

再根据 R 的高低，评判自然保护区的生态质量等级，共分为5级。

（1）生态质量很好：R 为 86～100分。

（2）生态质量较好：R 为 71～85分。

（3）生态质量一般：R 为 51～70分。

（4）生态质量较差：R 为 36～50分。

（5）生态质量差：R 为 35分及以下。

评价结果表明，澎溪河湿地自然保护区生态系统生态质量得分为73.4。从评价结果看，保护区生态质量较好。

第十二章 湿地生态系统修复与可持续利用

由于防洪、清淤及航运等需求，三峡工程175m蓄水后，形成涨落幅度高达30m的水库消落带。三峡水库消落带面积达348.93km^2，是我国面积最大的水库消落带，涉及三峡水库干、支流岸线6000km。2010年10月26日，三峡工程完成175m试验性蓄水后，形成30m落差的消落带。水位每年季节性大幅度消涨，夏季出露，冬季深水淹没，使消落带生态环境、景观质量发生巨大变化，导致一系列生态环境问题产生，如消落带原有生物减少与消失，陆岸库区污染物在消落带阻滞积累转化和再溶入水库对水质的威胁，长期水位变动可能导致的库岸失稳并诱发次生地质灾害，库岸带居民与移民生存环境和景观环境质量衰退等。面对三峡水库蓄水后形成的大面积消落带，我们应该从观念上发生转变，消落带生态环境是对我们的严峻考验，但我们更应看到其给我们带来的生态机遇。消落带出露的季节正好是植物生长的水热同期季节，大面积消落带植被在出露的生长季节所积累的碳及营养物质是宝贵的资源（Mitsch et al，2008；Yuan et al，2013）。

针对澎溪河湿地自然保护区消落带现状及存在的问题，立足消落带向净化环境、增加碳汇、促进生物生产、增加生物多样性等多功能生态效益转变的需求，探索保护区消落带湿地生态恢复模式。自2008年以来，重庆大学景观与生态修复研究团队与澎溪河湿地自然保护区管理局合作，在澎溪河湿地自然保护区内开展了消落带湿地恢复的生态工程示范。十余年来，应用湿地生态学和生态工程原理，师法自然，借鉴传统文化遗产中的生态智慧理念，在澎溪河消落带湿地实施了适应季节性水位变化的系列生态工程，创新性地提出并成功地实施了消落带基塘工程、林泽工程、鸟类生境工程、多功能浮床工程，构建了消落带生态工程的四大技术体系（袁兴中等，2019；马广仁等，2017）。十余年来，完成了消落带生态恢复工程设计、耐水淹植物种源筛选和栽种试验，筛选了耐冬季深水淹没、适应于消落带季节性水位变化环境的20余种草本植物、10余种木本植物，经历了10年的冬季深水淹没考验，如今植物成活状况良好，生态工程的环境效益、生态效益、经济社会效益和景观效益明显。

第一节　融汇农业文化遗产的消落带基塘工程

如何维持三峡水库消落带生态系统健康和景观质量水平，充分利用消落带为我们带来的生态机遇，借鉴自然界塘的生命智慧和传统农耕时代的塘生态智慧给我们的启示，应用生态系统生态学和生态工程原理，在三峡水库腹心区域的重庆开州区消落带实施了适应季节性水位变化的多功能基塘生态工程。

一、传统农耕时代的塘生态智慧

塘是指面积在 $1m^2$ 到 $2hm^2$，且一年之中至少存在 4 个月的淡水水体，是一种小微湿地类型。塘是自然湿地系统常见的结构。从组成要素上看，塘包括以水生植物、水生动物为主的水生生物群落和以水体、底质、无机盐为主的无机环境；从空间结构看，塘包括开敞水域、塘底、浅水区。作为生产者的浮游植物、水生维管植物（沉水植物、浮水植物、挺水植物）具有光合作用功能，其初级生产量维持着塘的食物网；浮游动物、水生无脊椎动物、鱼类、两栖类、水禽则位于塘的不同水层和空间位置，各自占据着塘生态系统中的不同生态位。自然界的这些大小、形状不同的塘，具有多种多样的生态服务功能（Biggs et al，1991；卢虹宇等，2019）。自然塘系统对降水汇流进入的农业非点源氮、磷具有显著的净化和截留效应，通常在入湖小流域区广泛分布着大量的自然塘系统，对非点源氮、磷具有显著的截留和净化效应，可明显降低流域产生的营养物质向河流及湖泊的输入量，对改善水体富营养化程度有重要作用。塘也是涵养水源、调节小气候、缓解城市区域热岛效应的重要景观（Biggs et al, 2010）。大多数塘通过溪沟、渠道与河流相连，大小不同的塘发挥着蓄水、滞洪、削峰的功能，在拦截洪水、减轻洪水影响方面起着重要作用。

在中国几千年的农耕文明发展过程中，劳动人民创造了众多富有智慧的塘系统。中国传统农耕时代各种类型的塘系统，如陂塘、桑基鱼塘、风水塘等，无不蕴含着生态智慧。这些生态智慧是千百年来劳动人民对自然塘系统生态结构、功能、自然演变历程进行长期观察，吸取自然塘的生命智慧（如自然塘的自我设计、协同进化、互利共生、自然韵律、梯度适应机制等所呈现的生命智慧），通过辨识、理解、归纳、分析、判断、提炼而形成的关于塘系统的综合知识体系和能力，这就是传统农耕时代塘的生态智慧。在中国，那些闪耀着生态智慧光芒的塘系统包括陂塘、桑基鱼塘、基围塘、风水塘、多塘系统、稻田-陂塘复合体等。

兴起于400年前的桑基鱼塘，是珠江三角洲劳动人民在长期生产实践中充分利用当地优越的水陆资源创造出来的一种特殊的基塘农业方式，实现了种桑、养蚕、养鱼三者相互联系、相互促进的多样化循环生产，是宝贵的农业文化遗产，其价值表现在：具有丰富的生产多样性、生物多样性和文化多样性，体现了人与自然和谐共处、人与社会协同进化，蕴含着朴素的循环经济理念与生态智慧。乡村多塘系统是传统农耕区域的重要水文结构及功能单元，在我国已存在3000多年，主要分布在南方丘陵地区，是乡村区域富有生态智慧的多功能储水结构，发挥着蓄水滞洪、水源涵养、水质净化、生物生境、调节气候、景观美化等多种重要的生态服务功能。在安徽巢湖流域，这种被当地原住民称为"当家塘"的由相互连接的塘-沟构成的多塘系统，已在流域内形成了一个巨大的物质循环流动体系。

二、消落带多功能基塘模式及恢复成效

多功能基塘的示范区域位于澎溪河湿地自然保护区的实验区，包括白夹溪老土地湾（图12-1）、管护站前、白夹溪河口及大浪坝。借鉴塘生态智慧，

吸取珠江三角洲桑基鱼塘等塘系统的合理成分，在三峡水库具有季节性水位变动的消落带，针对水位的季节性变化，进行消落带多功能基塘的设计（袁兴中等，2017）。

(a) (b)

图 12-1　澎溪河老土地湾多功能基塘

图（a）为冬季被淹没情况；图（b）为实施基塘工程后夏季出露期植物生长情况

针对夏季出露、冬季深水淹没的环境特点，基于库岸稳定、污染净化、生物生境、景观美化、生物生产等多功能需求，从整体生态系统设计的角度出发，在水库消落带平缓区域的坡面上构建基塘系统，塘的大小、深浅、形状不同。根据消落带自然地形和环境特点，设计塘的深度从50cm至2m不等。塘基宽度为80～120cm，塘基高出塘的水面30～40cm；塘底部覆以黏土防渗，上覆壤土。塘底进行微地形设计，其起伏的微地形能增加塘的生境异质性；进行水文设计，以保证基塘系统内部各塘之间，以及塘与河流之间的水文连通性。塘内种植适应于消落带水位变化的植物（尤其是耐冬季深水淹没的植物），植物筛选的原则是能够耐受冬季深水淹没、具有环境净化功能、观赏价值、经济价值（Lee et al，2011）。充分利用消落带每年退水时保留下来的丰富的营养物质以及拦截陆域高地地表径流所携带的营养物质，构建消落带多功能基塘系统。基塘系统中的湿地植物在生长季节正值消落带出露的水热同期季节，在消落带坡面上的基塘系统能够发挥环境净化、景观美化及碳汇功能（Li et al，2013）。生长季结束时正值三峡水库开始蓄水，植物收割后能够进行经济利用，避免了冬季被淹没在水下厌氧分解的二次污染。第二年水位消落后，基塘内的植物能够自然萌发。多功能基塘的管理采取近自然管理，不施用化肥、农药和杀虫剂，禁止过多的人工干扰。

2009年3月，在澎溪河湿地自然保护区的老土地湾设计并实施多功能基塘系统。经过十余年的淹没考验，迄今为止，消落带多功能基塘结构稳定，植物生长良好，基塘系统生态服务功能高效，生态效益、经济效益和景观效益良好。在此基础上，经过十余年的试验研究，已推广到白夹溪河口及大浪坝，形成了三种多功能基塘模式。

（一）河湾多功能基塘

2009年3月，选择澎溪河湿地自然保护区的老土地湾进行多功能基塘建设。老土地湾最低海拔为159.49m，最高海拔为172.39m，设计基塘共25块，总面积为4.26hm^2。最大淹没深度为13.27m，最长淹没时间为189天。三峡水库每年9月下旬开始蓄水，次年4月中旬老土地湾所有基塘均露出水面。4～9月是植物生长的主要时期，大部分湿地植物在此期间都能完成其生长周期。在各基塘中筛选种植具有观赏价值和经济价值、耐深水淹没的菱角（*Trapa bispinosa*）、普通莲藕（*Nelumbo nucifera*）、太空飞天荷花（为消落带定向培育）、荸荠（*Eleocharis dulcis*）、慈姑（*Sagittaria trifolia*）、菰（*Zizania latifolia*）、水生美人蕉（*Canna glauca*）、蕹菜（*Ipomoea aquatica*）、水芹（*Oenanthe javanica*）等水生植物（图12-1）。经历了十余年的冬季深水淹没，基塘内的植物存活状况良好，每年出露后植物自然萌发，生态效益和经济效益明显，其中，菱角塘的菱角产量为16 500kg/hm^2，藕塘的藕产量达22 500kg/hm^2。

（二）河岸多功能基塘

在库湾多功能基塘成功的基础上，2011年3月澎溪河支流白夹溪河岸实施了河岸多功能基塘（图12-2）。经历十余年冬季水淹后，每年出露季节，基塘内荷花、荸荠、慈姑等湿地植物生长茂盛，不仅发挥了良好的经济效益，多功能基塘区的湿地植物多样性、昆虫多样性明显高于对照的非基塘消落带区域，且该基塘工程区已经成为鸟类优良的栖息生境。实施基塘工程以来，鸟类种类数和种群数量明显增加。

（三）林泽–基塘复合系统

在消落带筛选种植耐淹且具有经济价值的乔木、灌木，形成在冬水夏陆逆境下的木本群落。根据三峡水库消落带水位变动规律、高程、地形及土质

(a)　　　　　　　　　　　　　　　(b)

图 12-2　澎溪河白夹溪河岸多功能基塘

图（a）为冬季淹没情况；图（b）为夏季出露后基塘内湿地植物生长情况

条件等，在高程160～180m种植木本植物，形成宽约20m的生态屏障。通过试验研究，筛选出耐冬季深水淹没的池杉（*Taxodium ascendens*）、落羽杉（*Taxodium distichum*）、水松（*Glyptostrobus pensilis*）、乌桕（*Sapium sebiferum*）等乔木种类，以及秋华柳（*Salix variegata*）、枸杞（*Lycium chinense*）、长叶水麻（*Debregeasia longifolia*）、桑树（*Morus alba*）等灌木种类。在澎溪河白夹溪板凳梁、大湾2009年成功实施林泽工程的基础上，2012年在澎溪河白夹溪消落带、2015年在澎溪河大浪坝消落带进行了林泽-基塘复合系统的试验研究。在基塘塘基及周边栽种耐水淹灌木和小乔木，营建林泽-基塘复合系统（袁嘉等，2018）。截至2019年底，所筛选种植的木本植物成活及生长状况良好，由耐水淹乔木、灌丛构成的林泽系统在夏季出露季节为消落带动物提供了丰富的食物和良好的庇护条件；冬季挺伸出水面的乔木枝干及树冠为越冬水鸟提供了栖息场所，鸟类的活动也为消落带林泽区域植物繁殖体发挥了传播作用，丰富了消落带生物多样性。林泽-基塘复合系统发挥了护岸、生态缓冲、水质净化、生物生境、景观美化和碳汇等多种生态服务功能（图12-3）。

(a)

图 12-3　澎溪河白夹溪消落带林泽-基塘复合系统

图（a）为冬季淹没情况；图（b）、图（c）、图（d）为消落带出露后林泽-基塘复合系统内植物生长情况

第二节　适应动态水位变化的消落带林泽工程

一、河岸系统概述

河岸植物是指分布在河岸带的高等维管植物，包括蕨类、裸子植物和被子植物，是河岸生态系统的重要组成部分，起着稳定河岸、调节河道形态和水温、缓冲农业开发的不利影响等作用（徐庆等，2008；潘云芬等，2007）。按照生活类型来划分，可以把河岸植物分为乔木、灌木（含木质藤本）、草本植物和水生植物。乔木分常绿乔木和落叶乔木，灌木分常绿灌木和落叶灌木。河岸林就是在河岸带区域由乔木和灌木组成的河岸木本植物群落。由于河岸带周期性的水位变动，河岸林在一年中的一些时候会被水淹没，在河岸带海拔较低的区域，或者在低河漫滩区域，河岸林常常在很多时候都被淹没在水中，从而形成淡水森林湿地。淡水森林湿地泛指长期或周期性地被水（尤其指洪水）淹没的淡水木本群落，包括淡水木本沼泽、滩地硬木林、河滨

森林缓冲带、溪岸森林缓冲带等，作为生态界面，在固坡护岸、拦截污染、保育生物多样性等方面发挥着重要作用。

淡水森林湿地是由木本植物（乔木、灌木、木质藤本）组成的群落与土壤、气候、物种间竞争、繁殖模式等自然因素综合作用形成的湿地生态系统。淡水森林湿地的植物组成是复杂多样的，植物组成的不同主要取决于生长季节洪水水位（土壤积水时间）的不同。在这些周期性的洪泛区，植物多样性较高，这些植物对积水淹没表现出了不同程度的生存适应性。

淡水森林湿地十分脆弱。人类对湿地的过度开发与不合理利用直接导致了淡水森林湿地的面积减少和湿地环境恶化。淡水森林湿地植被恢复已成为湿地生态学研究的热点，恢复成功的关键是选择适应淹水特殊生境的树种。国际上有关适生树种筛选的研究较多，主要集中在咸水或半咸水森林湿地（如红树林），有关淡水森林湿地适生树种筛选的系统研究很少。徐庆等（2008）在安徽升金湖进行了淡水森林湿地适生树种筛选的研究，初步筛选出了6种树种，即枫香、垂柳、金丝垂柳、美洲黑杨、池杉和中山杉，为安徽升金湖地区退化湿地植被恢复工作提供了适生树种，也为我国长江中下游地区淡水森林湿地植被恢复的树种选择提供了参考。

二、消落带林泽工程设计及恢复成效

充分利用消落带的冬水夏陆逆境的机遇，筛选耐水淹且具有经济价值的乔灌木，恢复消落带林木群落，进而促进整个消落带生态系统功能的恢复，发挥护岸、生态缓冲、景观美化和碳汇的功能（樊大勇等，2015；李波等，2014）。消落带林泽工程位于水陆交错带区域，是库岸高地向库区水域过渡的重要生态屏障（袁兴中等，2018），其发达的地下根系和复杂的林下植物群落结构具有重要的面源污染净化功能，有助于保护库区水环境和水生态安全（袁兴中等，2019）。

在澎溪河湿地自然保护区消落带筛选种植耐湿、耐淹且具有多功能生态经济价值的乔木、灌木，构建具有生态防护功能的消落带林泽系统。根据三峡水库水位变动规律、高程、地形及土质条件等，以165～175m高程作为林泽工程的实施范围。筛选耐湿、耐淹的乔木、灌木种植，通过乔、灌配置，营建消落带复合林泽系统（图12-4）。

(c)

图 12-4　经历了十年冬季深水淹没的澎溪河消落带林泽

图（a）为2009年11月冬季被淹没的消落带林泽；图（b）和图（c）为2018年11月正在经受第10年蓄水考验的消落带林泽

　　在澎溪河大浪坝，针对具有季节性水位变化的消落带生态环境特征，进行了"桑-杉林泽+基塘复合生态系统"的设计与示范研究。基塘系统内种植以荷花等为主的具有经济价值的耐水淹植物，塘基上种植耐水淹的桑树、落羽杉、池杉等树木，形成乔木、灌木等不同层次的塘基植物群落。自2010年开始至今，示范研究持续进行，"桑-杉林泽+基塘复合生态系统"结构稳定，功能高效，在不同水位时期呈现出不同的景观外貌（图12-5）。冬季，被淹没于水下的基塘和桑树成为鱼类越冬的良好生境及食物，出露于水上的林泽吸引越冬水鸟。这里成为鱼和水鸟的优良栖息生境；夏季，基塘及林泽植物出露，荷花绽放，鹭鸟翩跹。

(a)　　　　　　　　　　　　　　　　(b)

图 12-5　澎溪河大浪坝消落带"桑-杉林泽+基塘复合生态系统"

图（a）为冬季蓄水淹没的大浪坝，林泽-基塘淹没在水下；图（b）为夏季出露的
"桑-杉林泽+基塘复合生态系统"

在澎溪河白夹溪板凳梁、大湾实施的林泽工程经历了十余年的水淹考验，发挥了护岸、生态缓冲、景观美化和碳汇功能。在消落带林泽工程中所筛选的池杉、落羽杉、水桦、乌桕等乔木种类以及秋华柳、枸杞、长叶水麻、桑树等灌木种类形成了消落带优良的适生植物资源库（图12-6），是目前国内消落带适生木本植物种类最全、植物功能多样的资源库，其中一些植物属于国际上首次运用于水库消落带的植物，如乌桕、江南桤木、池杉（李波等，2015；Li et al，2016）、秋华柳等。自主研发了消落带近自然植物群落配置模式及构建技术，兼顾了景观美化、面源污染净化、生物生境等多功能需求，群落结构稳定。

(a) 落羽杉　　　　　　　　　(b) 乌桕

(c) 水桦　　　　　　　　　　(d) 池杉

图 12-6　经历了十余年冬季深水淹没的澎溪河消落带林泽主要植物种类

第三节　遵循自然法则的消落带鸟类生境工程

一、鸟类生境修复概述

　　鸟类生境修复是湿地修复工作的重要内容。鸟类栖息地需满足三个条件，即为鸟类提供栖息场所、避敌场所和食物来源。在修复技术上，可按栖息、繁殖和觅食活动分别进行微地形改造、底质改造、水位控制和补充食源地配置。

　　湿地鸟类主要有涉禽（鸻形目、鹤形目、鹳形目）和游禽（雁形目、鹈形目）两大类。水域、裸地、植被是影响湿地中涉禽、游禽分布的三个重要生境单元。湿地鸟类的生存需要水域、裸地、植被三种要素共存，且不同生境单元的组合也会影响鸟类种类和数量。涉禽在觅食和栖息时需要浅滩环境，游禽需要开阔明水面和深水域。因此，营造浅滩-大水面复合生境可为湿地鸟类提供适宜的栖息环境，同时可通过挖掘或淤填等方式构建不同水深环境以提高生境异质性。湿地植被为鸟类筑巢觅食、躲避天敌入侵和人类干扰等创造了天然的庇护环境，可配置乔灌草混交的植物群落以满足不同喜好的鸟类。

生境岛是鸟类栖息和庇护的重要生境类型，根据地形、水文特征、植被类型、水鸟种类等确定生境岛的形状、大小、空间异质性和高程等。地形凸起区域如高滩、岛屿等可设计成鸟岛，其上再挖掘湿洼地或浅水塘，并种植低矮的湿生草本植物，这种孤立岛状地形是鸟类等湿地生物隔绝外界干扰的重要结构。

需要针对不同鸟类的需求进行水位控制，针对不同鸟类，设计不同水位的缓坡水域。就觅食环境来说，设计水深分别为，鸻鹬类 $0\sim0.15m$、鹤鹳鹭类 $0.10\sim0.40m$、雁鸭类 $0.1\sim1.2m$。

植被是鸟类重要的栖息地、庇护地、觅食场所和繁殖场所（马广仁等，2017），针对不同鸟类栖息、觅食和繁殖习性，进行植物种类和不同群落结构的配置。植被恢复和控制包括食源性植被恢复、生态隔离带植被恢复和干扰性植被控制。应按照主要保护鸟类和优势水鸟的觅食习性，恢复相应的食源性水生植被和外围保护隔离带植被。

二、消落带鸟类生境修复设计及成效

重点针对夏季繁殖湿地鸟和冬季越冬水鸟，选择三峡水库澎溪河干流、白夹溪下游河段及河口段，遵循自然法则，应用鸟类生境适应性理论及河流-湿地复合体理论，实施消落带鸟类生境设计与建设工程。夏季繁殖的湿地鸟和冬季越冬水鸟对生境的需求要素包括底质，多样化生境斑块，作为鸟类营巢、庇护场所的湿地植物群落，以及食物需求等。自2009年以来，笔者所在的研究团队进行了多样性生境斑块（如水塘、沟渠、洼地）构建、水系连通工程、微地貌和底质改造、湿地植物群落配置（作为鸟类营巢、庇护地、取食对象）、水岸及高地鸟类庇护林建设（图12-7）。自2009年实施消落带鸟类生境设计与建设工程以来，至今已经形成良好的鸟类生境结构，为夏季繁殖的湿地鸟提供了优越的栖息和繁殖生境，为冬季越冬水鸟提供了良好的栖息和觅食空间。消落带鸟类生境工程实施后，实施区域的鸟类种类数和种群数量明显增加，发现了7种重庆市新记录种，其中6种是水鸟；夏季繁殖鸟的种类及繁殖对数明显增加；在该区域多次发现营巢的猛禽，说明该区域鸟类食物链得到了明显改善和优化，也表明生境质量大大改善。目前，基于鸟类生境适应性理论及河流–湿地复合体理论建立起来的消落带鸟类生境工程，在经历了最初阶段对季节性水位变化的适应后，正在发挥系统的自我设计和自我恢复功能，不断向着结构优化、功能高效的方向发展，逐渐变成以自然做功为主、人工调控为辅的鸟类生境系统，鸟类与消落带环境要素处于一个协同共生的系统中。

(a)

(b)

(c)

(d)

图 12-7　澎溪河湿地自然保护区消落带鸟类生境工程

图（a）为生境系统中与河流相连通的水塘、洼地、沟渠，以及植物群落等要素；图（b）为夏季出露的鸟类
生境系统；图（c）为应用河流-湿地复合体理论，建设河岸多塘湿地系统，这些塘系统通过洪水脉冲与河流
发生水文联系；图（d）为在浅水沼泽中挖掘的深水凼，在干旱时为鸟类提供饮水水源，为鱼类及水生昆虫提
供避难地

第四节　消落带多功能生态浮床工程

在澎溪河湿地自然保护区的库湾、河汊等水流相对平缓的区域实施多功能、多效益的生态浮床工程。多功能浮床是绿化技术与漂浮技术的结合体，由浮岛框架、植物浮床、水下固定装置以及水生植被组成（图 12-8）。浮床上选择各类适生湿地植物，包括从消落带原生地筛选的耐水淹湿地草本植物。浮床的多功能包括水质净化功能、生物生产功能、生物生境功能、景观优化功能、水生碳汇功能等。多效益包括环境效益、生态效益、经济效益、社会效益。2010 年开始，澎溪河支流白夹溪实施了适应于具有季节性水位变动的消落带多功能浮床，浮床上的水生植被通过植物根部的吸收和吸附作用，削

减富集于水体中的氮、磷及有机物质，从而达到净化水质的效果，创造适宜多种生物生息繁衍的环境条件，在消落带区域重建并恢复水生生态系统，同时创建独特的水上花园立体景观。生态浮床工程创新性地将基塘与浮床相结合，将浮床锚固在基塘底部，当三峡水库蓄水时，浮床漂浮在水面，发挥环境净化功能、景观美化功能，并成为冬季水鸟的临时栖息场所；当三峡水库水位消退、消落带出露时，浮床回落到基塘内，与基塘构成塘-床复合湿地系统。浮床以 $1m^2$ 的单体床体为单元，可以组合成任意形状和大小。浮床植物采自消落带原生地，模拟消落带原生地 $1m^2$ 样方内的植物种类组成及数量结构特征（$1m^2$ 是草本植物群落的最小面积），从而提高浮床植物的适生性及优化浮床植被的生态功能。课题组在借鉴中国"稻鱼共生"传统生态智慧的基础上，正在试验夏季消落带出露期间，在塘内养殖小型鱼、蚌，鱼、蚌以浮床植物根系及有机碎屑为食；在浮床上面再用聚丙烯（PPR）管或竹子等具有一定韧性的材料搭建拱形的立体框架，种植丝瓜、黄瓜、辣椒等蔬菜，形成多层复合利用的立体生态浮床结构（图12-9）。

(a) 模拟三峡水库消落带自然群落结构　　(b) 设计1m×1m的浮床

(c) 种植来自消落带本地的草本植物　　(d) 消落带多功能浮床系统植物发育情况

图 12-8　澎溪河多功能生态浮床工程

（a）三峡水库低水位时期的复合塘床系统

（b）三峡水库高水位时期基塘　　（c）三峡水库低水位时期复　　（d）鱼菜共生塘及
　　　被淹没，浮床漂浮在水面上　　　合塘床系统的塘床结构　　　　　浮床支架

图 12-9　适应水位变化的消落带复合塘床系统（不同水位时期）

第五节　湿地资源可持续利用——消落带湿地农业模式

　　针对三峡水库蓄水后形成的消落带湿地，其生态环境既是一个严峻考验，同时也是极好的生态机遇。一方面，要正视其潜在问题，重视消落带环境质量的变化，因为水库消落带湿地的生态脆弱性需要人们加强保护和慎重地选择发展模式；另一方面，消落带湿地的形成，以及随之增加的丰富的湿地资源为该区域发展湿地生态经济提供了良好的资源基础——尤其是大面积的消落带植被所蓄积的碳及营养物质是宝贵的资源，如果能够加以妥善利用，就能化害为利。要真正维持消落带生态系统健康、达到该区域可持续发展水平，必须将湿地保护与生态经济结合起来，走生态友好型利用之路。只有能够产生生态、经济、社会综合效益的模式，才是可持续、可复制和可推广的。

一、消落带的生态机遇

过去相当长的一段时间，人们对消落带的认识，总是对其负面的影响看得多一些，认为消落带的形成会带来污染物集聚、景观污染、岸坡失稳等，也在积极探讨消落带的综合治理措施，如筛选耐水淹植物并用于消落带治理工程。三峡水库175m蓄水后，已经形成了涨落落差30m的消落带。通过多年的调查研究，我们发现水位消落后，在许多平缓的区域并没有形成荒凉裸露的景观，一年生和多年生宿根性的湿地植物很快覆盖了消落带区域，其中不乏具有经济价值的植物，如菰等，而这些湿地植物具有极强的环境净化功能。我们认为，不能仅仅看到消落带可能产生的一些问题，还应该看到消落带湿地的形成给我们带来的生态机遇，这些湿地将提供很好的植物天然种源，丰富动植物多样性，对消落带的保护和利用可以和湿地农业生产结合起来。夏季枯水期，可以在平缓区域栽种湿地经济作物，利用消落带自身集聚的丰富营养成分，不施用化肥、农药，这些湿地作物带既起到了生态屏障的作用，同时又能产生巨大的经济效益，从而最大限度地发挥消落带湿地生态系统的服务功能。事实上，三峡水库以小于15°的平缓消落带为主，面积达204.59km^2，占三峡水库消落带总面积的58.63%。如此大面积的平缓消落带区域，为消落带湿地农业的合理开发利用带来了极好的机遇。

二、消落带湿地农业利用及成效

湿地农业是通过培育湿地动植物产品，为人类提供生产食品及生产原料的一种农业形态。稻作农业就是传统湿地农业的一种形态。很早以前，针对南方多雨特点，中国南方地区在有效排水和农业利用上创造了一系列成功的农业利用方式，如长江中游两湖平原的"湖垸"、长江下游地区的"圩田"、珠江三角洲的"桑基鱼塘"。在面源污染加剧、流域土地利用结构破坏、洪涝和干旱等极端灾害性天气频发的当代，具有污染净化、水分储蓄、生物生产等多功能效益的湿地农业是可选择的理想途径之一。如果说传统农业的功能在于提供更多的农产品，那么湿地农业的功能就是在保护湿地生态环境的前提下，提供更好的多功能生态产品。

在三峡库区所有区县中，开州区消落带面积大，境内小于15°的平缓消落带主要分布在澎溪河及其支流的宽敞河谷平坝地区，面积达到42.78km²。我们选取地处三峡水库腹心地带的澎溪河湿地自然保护区内的消落带湿地，在考虑到充分保证消落带湿地生态系统健康的基础上，研究消落带湿地农业开发的关键技术，并进行了工程示范。

针对三峡水库消落带湿地面临的生态保护与合理开发问题，围绕消落带湿地生态环境保护与民生改善等建设目标，集成研究与试验示范消落带湿地多功能农业关键技术、消落带湿地空间优化配置与湿地农业产业功能耦合关键技术、湿地农业生态保育和生态环境修复技术，主要利用澎溪河湿地自然保护区实验区蓄水淹没前是农田的区域，建设具有旅游休闲、生态改善、生物生产功能的湿地农业示范区，形成以多功能农业为基础的消落带湿地农业建设推进模式及其技术支撑体系，形成了相应的技术标准（附录3），为三峡水库消落带湿地生态保护和建设提供技术支撑和示范样板。

（一）筛选了适应消落带环境的优良湿地经济作物品种

选择了15种湿地作物进行试验种植，经过水淹考验，发现菱角、慈姑、荸荠、菰、水稻、蕹菜、普通莲藕、太空飞天荷花等湿地作物品种的成活率达到90%。这些湿地作物适合在每年4~9月退水后的消落带区域栽种。菱角、菰、太空飞天荷花、蕹菜和水稻的产量接近重庆地区其他农田产量，其中太空飞天荷花的花期更是长达4个月之久，且莲子饱满、产量高（表12-1）。

表 12-1　消落带适生植物产量状况

湿地作物	生长情况	产量/（kg/hm²）
菱角	8月结实，9月成熟	10 125.0
慈姑	次年3月收获地下球茎	5 805.0
荸荠	次年3月收获地下球茎	6 180.0
菰	8月结荚	7 500.0
水稻	8月底成熟收割	9 000.0
蕹菜	6月开始收割，产量高	45 000.0
普通莲藕	次年3月收获莲藕	20 400.0
太空飞天荷花	花期6~9月	1 555.5（莲子）

注：产量一栏中的数值均为鲜重（莲子除外）。

（二）形成了消落带湿地农业开发中的三项关键技术

1. 消落带湿地多功能农业关键技术

形成了综合考虑坡度类型、岸滩质地、洪水线深度、湿地作物种生态特征以及工程要求的消落带湿地作物种植设计方案。

形成了近自然管理的水生经济作物单独种植关键技术和消落带种养结合的农业生产关键技术。

近自然管理的水生经济作物单独种植技术：首先，要求选择适合的水生经济作物，作物生长时间及具有一定产出是主要的限制因子。由于栽种于三峡水库消落带，候选植物须为水生植物，且在退水期间（4～9月）能完成一个生长周期；另外，栽种的植物须具有一定产出才能调动生产人员的积极性。其次，必须注重近自然管理，即不施用化肥、农药。

消落带种养结合的农业生产关键技术在近自然管理的水生经济作物单独种植模式基础之上引入青、草、鲢、鳙四大家鱼养殖。饲养鱼类时须进一步考虑水深的要求，一般以1～3m为宜。为避免对库区水质造成影响，该模式同样须考虑进行近自然管理，不投放饵料。

2. 消落带湿地空间优化配置与湿地农业产业功能耦合关键技术

根据消落带地形、高程、坡度、土质类型，合理配置生产、生态保护区域，合理配置不同湿地作物的种植空间，大范围统一规划，整体分区建设，规划与建设必须遵循统一的技术规范，做到湿地资源的可持续利用与保护的有机结合。

利用消落带生态系统内部结构的调整手段进行生态调控，包括合理的种植结构、合理的生物组分等，形成湿地农业产业功能耦合。

开展湿地基塘农业技术示范研究，利用消落带平缓区域，借鉴长江三角洲和珠江三角洲的基塘工程，在平缓的消落带区域挖泥成塘，形成大小、形状、深浅不一的塘，水深控制在1～3m。冬季蓄水时，基塘系统被淹没，而在夏季水位消落期，基塘系统内仍然有水，在塘内种植各种具有经济和观赏价值的水生植物。

3. 湿地农业生态保育和生态环境修复技术

进行滨水（最低水位线一带）和消落带高地（最高水位线一带）经济湿

地植物生态过滤隔离带建设关键技术研究与示范，进行菰、芭茅、芦竹混种。

进行不同湿地农业种植区块的生态修复，构建既具有高的生物产出、经济收益，又具有较好的生态修复功能的湿地农业种植模式、种植结构。

三、形成了两种湿地农业生产模式

（一）三峡水库消落带多功能湿地农业综合利用模式

通过示范研究，形成了一套适合三峡水库消落带水位反季节变动的湿地农业综合利用模式，包括基塘工程、林泽工程和多功能浮床工程三大部分。该湿地农业综合利用模式具有以下几方面的功能：通过在基塘系统中种植经济水生植物或进行湿地植物-动物综合种殖养殖，产生一定的经济价值；基塘系统湿地植物、林泽工程以及多功能浮床工程都对环境污染具有一定的防治能力。基塘工程主要分布于三峡水库消落带缓坡地带，是地表径流汇入三峡水库的必经之路。通过基塘工程可以有效拦截陆域高地农业面源污染物质；通过湿地农业系统的建设，改变了局部地区湿地生境，为更多的湿地动植物提供栖息空间，有助于保护和修复消落带湿地生态系统；通过多功能湿地农业系统综合利用项目的开展，能够带动当地经济增长，促进库区移民安稳致富。

（二）三峡水库消落带湿地农业少人工管理模式

三峡水库蓄水期间有大量氮、磷等营养物质沉积，为消落带植物的生长提供了充分的养料。为了防止额外肥料的施用加重库区水质富营养化的负担，提出了在湿地农业生产过程中免施农药化肥的少人工管理模式。植物生长所需要的营养直接从沉积的底泥中吸取，无须人工施用化肥，对杂草采用翻耕和锄草的方式进行控制，对病虫害采用害虫天敌防治、物理防治等技术进行控制，因此无须施用化学农药和除草剂，从而在保证湿地作物产出的同时，实现消落带生态环境的保护。

调查表明，在项目实施区域发现了11种在对照区域没有的水生植物，并且项目实施区域的涉禽种类也较对照区域更多。这说明在少人工管理模式下，不但种植的水生经济作物取得了良好的产出，同时这种管理模式也为其他湿地动植物的生长创造了所需的湿地生境，丰富和提升了消落带生物多样性。

消落带湿地农业的实施，不仅为保护区内和周边原住民带来了经济效益，有利于促进库区移民的安稳致富，而且对三峡水库水质改善和生态安全维护具有重要的意义。

主要参考文献

陈忠礼，袁兴中，刘红，等. 2012. 水位变动下三峡库区消落带植物群落特征. 长江流域资源与环境，21（6）：672-677.

刁承泰，黄京鸿. 1999. 三峡水库水位涨落带土地资源的初步研究. 长江流域资源与环境，8（1）：75-80.

刁元彬，刘红，袁兴中，等. 2018. 水位变动影响下三峡库区汉丰湖鸟类群落及多样性. 生态学报，38（4）：1382-1391.

刁正俗. 1990. 中国水生杂草. 重庆：重庆出版社.

丁庆秋，彭建华，杨志，等. 2015. 三峡水库高、低水位下汉丰湖鱼类资源变化特征. 水生态学杂志，36（3）：1-9.

董鸣. 1997. 陆地生物群落调查观测与分析. 北京：中国标准出版社.

段彪，何冬，李操，等. 2000. 重庆市两栖动物多样性及利用现状. 四川动物，1：25-28.

樊大勇，熊高明，张爱英，等. 2015. 三峡库区水位调度对消落带生态修复中物种筛选实践的影响. 植物生态学报，39（4）：416-432.

费梁. 1999. 中国两栖动物图鉴. 郑州：河南科学技术出版社.

葛振鸣. 2007. 长江口滨海湿地迁徙水禽群落特征及生境修复策略. 上海：华东师范大学博士学位论文.

哈丽亚，程鲲，宗诚，等. 2014. 骨顶鸡日行为活动对游憩干扰的反应. 生态学杂志，33（7）：1860-1866.

韩会庆，张朝琼，张雪琴. 2016. GIS技术在生物多样性评价中的应用. 亚热带农业研究，12（4）：217-223.

呼延佼奇，肖静，于博威，等. 2014. 我国自然保护区功能分区研究进展. 生态学报，34（22）：6391-6396.

胡鸿钧，魏印心. 2006. 中国淡水藻类：系统、分类及生态. 北京：科学出版社.

黄真理. 2001. 三峡工程中的生物多样性保护. 生物多样性, 9 (4): 472-481.

蒋燮治, 堵南山. 1979. 中国动物志 节肢动物门 甲壳纲 淡水枝角类. 北京: 科学出版社.

雷波, 王业春, 由永飞, 等. 2014. 三峡水库不同间距高程消落带草本植物群落物种多样性与结构特征. 湖泊科学, 26 (4): 600-606.

黎璇, 袁兴中, 王建修. 2009. 重庆市澎溪河湿地自然保护区湿地植物资源研究. 资源开发与市场, 25 (5): 413-415.

李斌, 江星, 王志坚, 等. 2011. 三峡库区蓄水后小江鱼类资源现状. 淡水渔业, 41 (6): 37-42.

李波, 杜春兰, 袁兴中, 等. 2014. 反季节水位变动背景下的护岸功能型生态结构设计研究. 风景园林, (6): 69-73.

李波, 袁兴中, 杜春兰, 等. 2015. 池杉在三峡水库消落带生态修复中的适应性. 环境科学研究, 28 (10): 1578-1585.

李迪强, 宋延龄. 2000. 热点地区与GAP分析研究进展. 生物多样性, 8 (2): 208-214.

李秋华, 韩博平. 2007. 基于 CCA 的典型调水水库浮游植物群落动态特征分析. 生态学报, 27 (6): 2355-2364.

李思忠. 1981. 中国淡水鱼类的分布区划. 北京: 科学出版社.

李晓文, 郑钰, 赵振坤, 等. 2007. 长江中游生态区湿地保护空缺分析及其保护网络构建. 生态学报, 27 (12): 4979-4989.

梁健超, 丁志锋, 张春兰, 等. 2017. 青海三江源国家级自然保护区麦秀分区鸟类多样性空间格局及热点区域研究. 生物多样性, 25 (3): 294-303.

林凯旋, 周敏. 2019. 国家公园为主体的自然保护地体系构建的现实困境与重构路径. 规划师, 35 (17): 5-10.

刘吉平, 吕宪国. 2011. 三江平原湿地鸟类丰富度的空间格局及热点地区保护. 生态学报, 31 (20): 5894-5902.

刘吉平, 吕宪国, 刘庆凤, 等. 2010. 别拉洪河流域湿地鸟类丰富度的空间自相关分析. 生态学报, 30 (10): 2647-2655.

卢虹宇, 袁兴中, 王晓锋, 等. 2019. 塘生态系统结构与功能的研究进展及启示. 生态学杂志, 38 (6): 1890-1899.

罗键, 高红英, 周元媛. 2004. 重庆市爬行动物种多样性研究及保护. 四川动物, 3: 249-

256.

马广仁, 严承高, 袁兴中, 等. 2017. 国家湿地公园生态修复技术指南. 北京: 中国环境出版社.

马琳, 李俊清. 2019. 基于系统保护规划的长白山阔叶红松林保护网络优化研究. 生态学报, 39 (22): 8547-8555.

潘云芬, 徐庆, 于英茹. 2007. 淡水森林湿地植被恢复研究进展. 世界林业研究, 20 (6): 29-35.

齐代华, 贺丽, 周旭, 等. 2014. 三峡水库消落带植物物种组成及群落物种多样性研究. 草地学报, 22 (5): 966-970.

钱燕文. 1995. 中国鸟类图鉴. 郑州: 河南科学技术出版社.

冉江洪, 刘少英, 林强, 等. 2001. 重庆三峡库区鸟类生物多样性研究. 应用与环境生物学报, 7 (1): 45-50.

任海庆, 袁兴中, 刘红, 等. 2015. 环境因子对河流底栖无脊椎动物群落结构的影响. 生态学报, 35 (10): 3148-3156.

任玉芹, 陈大庆, 刘绍平, 等. 2012. 三峡库区澎溪河鱼类时空分布特征的水声学研究. 生态学报, 32 (6): 1734-1744.

荣子容, 马安青, 王志凯, 等. 2012. 基于Logistic的辽河口湿地景观格局变化驱动力分析. 环境科学与技术, 35 (6): 193-198.

桑莉莉, 葛振鸣, 裴恩乐, 等. 2008. 崇明东滩人工湿地越冬水禽行为观察. 生态学杂志, 27 (6): 940-945.

盛和林. 1999. 中国野生哺乳动物. 北京: 中国林业出版社.

史为良. 1985. 鱼类动物区系复合体学说及其评价. 水产科学, 4 (2): 42-45.

苏化龙, 林英华, 张旭, 等. 2001. 三峡库区鸟类区系及类群多样性. 动物学研究, 22 (3): 191-199.

苏化龙, 肖文发. 2017. 三峡库区不同阶段蓄水前后江面江岸冬季鸟类动态. 动物学杂志, 52 (6): 911-936.

苏化龙, 肖文发, 王建修, 等. 2012. 三峡库区蓄水前后冬季小江水面及河岸鸟类种群波动调查. 西南师范大学学报 (自然科学版), 37 (11): 41-48.

孙荣, 刘红, 丁佳佳, 等. 2011a. 三峡水库蓄水后开县消落带植物群落数量分析. 生态与农村环境学报，27（1）：23-28.

孙荣，袁兴中，刘红，等. 2011b. 三峡水库消落带植物群落组成及物种多样性. 生态学杂志，30（2）：208-214.

孙荣，袁兴中，陈忠礼，等. 2010. 三峡水库澎溪河消落带植物群落物种丰富度格局. 环境科学研究，23（11）：1382-1389.

孙儒泳，李庆芬，牛翠娟，等. 2002. 基础生态学. 北京：高等教育出版社.

谭淑端，朱明勇，党海山，等. 2009. 三峡库区狗牙根对深淹胁迫的生理响应. 生态学报，29（7）：3685-3691.

童笑笑，陈春娣，吴胜军，等. 2018. 三峡库区澎溪河消落带植物群落分布格局及生境影响. 生态学报，38（2）：571-580.

汪松，郑光美，王歧山. 1998. 中国濒危动物红皮书：鸟类卷. 北京：科学出版社.

王伯荪. 1987. 植物群落学. 北京：高等教育出版社.

王荷生. 1992. 植物区系地理. 北京：科学出版社.

王强，刘红，袁兴中，等. 2009a. 三峡水库蓄水后澎溪河消落带植物群落格局及多样性. 重庆师范大学学报（自然科学版），26（4）：48-54.

王强，刘红，张跃伟，等. 2012. 三峡水库蓄水后典型消落带植物群落时空动态：以开县白夹溪为例. 重庆师范大学学报（自然科学版），29（3）：66-69.

王强，袁兴中，刘红，等. 2009b. 三峡水库156m蓄水后消落带新生湿地植物群落. 生态学杂志，28（11）：2183-2188.

王强，袁兴中，刘红，等. 2011. 三峡水库初期蓄水对消落带植被及物种多样性的影响. 自然资源学报，26（10）：1680-1693.

王强，袁兴中，刘红. 2012. 山地河流浅滩深潭生境大型底栖动物群落比较研究：以重庆开县东河为例. 生态学报，32（21）：6726-6736.

王瑞，安裕伦，王培彬，等. 2014. 贵州省生物多样性热点地区研究. 水土保持研究，21（6）：152-157.

王晓荣，程瑞梅，肖文发，等. 2016. 三峡库区消落带水淹初期主要优势草本植物生态位变化特征. 长江流域资源与环境，25（3）：404-411.

王勇，厉恩华，吴金清. 2002. 三峡库区消涨带维管植物区系的初步研究. 武汉植物学研究，20（4）：265-274.

王宇飞，赵秀兰，何丙辉，等. 2015. 汉丰湖夏季浮游植物群落与环境因子的典范对应分析. 环境科学，26（3）：922-927.

吴征镒，王荷生. 1983. 中国自然地理：植物地理（上册）. 北京：科学出版社.

吴征镒，周浙昆，李德铢，等. 2003. 世界种子植物科的分布区类型系统. 云南植物研究，25（3）：245-257.

谢花林，李波. 2008. 基于Logistic回归模型的农牧交错区土地利用变化驱动力分析：以内蒙古翁牛特旗为例. 地理研究，（2）：294-304.

谢余初，巩杰，齐姗姗，等. 2017. 基于综合指数法的白龙江流域生物多样性空间分异特征研究. 生态学报，37（19）：6448-6456.

徐佩，王玉宽，杨金凤，等. 2013. 汶川地震灾区生物多样性热点地区分析. 生态学报，33（3）：718-725.

徐庆，潘云芬，程元启，等. 2008. 安徽升金湖淡水森林湿地适生树种筛选. 林业科学，44（12）：7-14.

徐洋，刘文治，刘贵华. 2009. 生态位限制和物种库限制对湖滨湿地植物群落分布格局的影响. 植物生态学报，33（3）：546-554.

薛达元，蒋明康. 1994. 中国自然保护区类型划分标准的研究. 中国环境科学，14（4）：246-251.

薛达元，郑允文. 1994. 我国自然保护区有效管理评价指标研究. 生态与农村环境学报，10（2）：6-9.

袁嘉，袁兴中，王晓锋，等. 2018. 应对环境变化的多功能湿地设计：三峡库区汉丰湖芙蓉坝湖湾湿地生态系统建设. 景观设计学，6（3）：76-89.

袁兴中，杜春兰，袁嘉，等. 2017. 适应水位变化的多功能基塘：塘生态智慧在三峡水库消落带生态恢复中的运用. 景观设计学，5（1）：8-21.

袁兴中，杜春兰，袁嘉，等. 2019. 自然与人的协同共生之舞：三峡库区汉丰湖消落带生态系统设计与生态实践. 国际城市规划，34（3）：37-44.

袁兴中，袁嘉，高磊，等. 2018. 三峡库区城市滨江消落带生态修复与景观优化示范研究. 上海城市规划，（6）：132-136.

约翰·马敬能，卡伦·菲利普斯，等. 2000. 中国鸟类野外手册. 何芬奇译. 长沙：湖南教育出版社.

翟世涛，杨健，张磊，等. 2012. 三峡库区支流域澎溪河浮游动物的季节性变化与水质评价. 中国农学通报，28（14）：307-312.

张爱英，熊高明，樊大勇，等. 2018. 三峡水库蓄水对长江干流河岸植物组成的影响. 长江流域资源与环境，27（1）：145-156.

张家驹，熊铁一，罗佳，等. 1991. 三峡工程对库区鸟类资源的影响评价. 自然资源学报，6（3）：262-273.

张可，张晟，郑坚，等. 2007. 三峡库区重庆段水体浮游动物的分布与评价. 贵州农业科学，35（1）：57-59.

张荣祖. 1999. 中国动物地理. 北京：科学出版社.

张松林，张昆. 2007. 空间自相关局部指标Moran指数和G系数研究. 大地测量与地球动力学，27（3）：31-34.

张殷波，马克平. 2008. 中国国家重点保护野生植物的地理分布特征. 应用生态学报，19（8）：1670-1675.

章宗涉，黄祥飞. 1991. 淡水浮游生物研究方法. 北京：科学出版社.

赵尔宓. 1998. 中国濒危动物红皮书：两栖类和爬行类. 北京：科学出版社.

郑光美. 2011. 中国鸟类分类与分布名录（第二版）. 北京：科学出版社.

中国科学院动物研究所甲壳动物研究组. 1979. 中国动物志 无脊椎动物 第二卷 甲壳纲 淡水桡足类. 北京：科学出版社.

中国湿地植被编辑委员会. 1999. 中国湿地植被. 北京：科学出版社.

中国野生动物保护协会. 1999. 中国两栖动物图鉴. 郑州：河南科学技术出版社.

中国野生动物保护协会. 2002. 中国爬行动物图鉴. 郑州：河南科学技术出版社.

中国植被编辑委员会. 1980. 中国植被. 北京：科学出版社.

钟章成. 2009. 三峡库区消落带生物多样性与图谱. 重庆：西南师范大学出版社.

周世强. 1997. 自然保护区功能区划分的理论方法及应用. 四川林勘设计，（3）：37-40.

左伟，张桂兰，万必文，等. 2003. 中尺度生态评价研究中格网空间尺度的选择与确定. 测绘学报，32（3）：267-271.

Achmad A，Hasyim S，Dahlan B，et al. 2015. Modeling of urban growth in tsunami-prone city using logistic regression：Analysis of Banda Aceh，Indonesia. Applied Geography，62：237-246.

Alexander J D，Stephens J L，Veloz S，et al. 2017. Using regional bird density distribution models to evaluate protected area networks and inform conservation planning. Ecosphere，8（5）：e01799.

Biggs J，Walker D，Whitfield M，et al. 2010. Pond action：Promoting the conservation of ponds in Britain. Freshwater Forum，1（2）：114-118.

Casanova M T，Brock M A. 2000. How do depth，duration and frequency of flooding influence the establishment of wetland plant communities? Plant Ecology，147：237-250.

Chapman B R，Ferry B W，Ford T W. 1997. Phytoplankton communities in water bodies at Dungeness，U. K.：Analysis of seasonal changes in response to environmental factors. Hydrobiologia，362（1-3）：161-170.

Costa G C，Nogueira C，Machado R B，et al. 2010. Sampling bias and the use of ecological niche modeling in conservation planning：A field evaluation in a biodiversity hotspot. Biodiversity and Conservation，19（3）：883-899.

Ellis J，Anlauf H，Kürten S，et al. 2017. Cross shelf benthic biodiversity patterns in the Southern Red Sea. Scientific Reports，7（1）：437.

Grace J B. 1989. Effects of water depth on *Typha latifolia* and *Typha domingensis*. American Journal of Botany，76：762-768.

Lee B，Yuan X Z，Xiao H Y，et al. 2011. Design of the dike-pond system in the Littoral Zone of a tributary in the Three Gorges Reservoir，China. Ecological Engineering，37：1718-1725.

Li B，Du C L，Yuan X Z，et al. 2016. Suitability of *Taxodium distichum* for afforesting the littoral zone of the Three Gorges Reservoir. PLoS One，11（1）：1-16.

Li B，Xiao H Y，Yuan X Z，et al. 2013. Analysis of ecological and commercial benefits of a dike-pond project in the drawdown zone of the Three Gorges Reservoir. Ecological Engineering，61：1-11.

Liu G H，Li E H，Yuan L Y，et al. 2006. Landscape-scale varia-tion in the seed banks of floodplain wetlands with contras ting hydrology in China. Freshwater Biology，51：1862-1878.

Mitsch W J，Lu J J，Yuan X Z，et al. 2008. Optimizing ecosystem services in China. Science，

322：528.

Scott J M，Csuti B，Jacobi J D，et al. 1987. Species richness: A geographic approach to protecting future biological diversity. Bioscience，37（11）：782-788.

Wang Q，Yuan X Z，Liu H. 2014. Influence of the Three Gorges Reservoir on the vegetation of its drawdown area: Effects of water submersion and temperature on seed germination of *Xanthium Sibiricum*（Compositae）. Polish Journal of Ecology，62（1）：25-36.

Wang Q，Yuan X Z，Liu H，et al. 2014. Diversity of vascular flora and above-ground patterns of vegetation biomass caused by summer and winter flooding in the drawdown area of China's Three Gorges Reservoir. PLoS One，9（6）：1-12.

Wu J G，Huang J H，Han X G，et al. 2004. The Three Gorges Dam: An ecological perspective. Frontiers in Ecology and the Environment，2（5）：241-248.

Yuan X Z，Zhang Y W，Liu H，et al. 2013. The littoral zone in the Three Gorges Reservoir, China: Challenges and opportunities. Environmental Science and Pollution Research，20：7092-7102.

Yuan Y J，Bi Y H，Hu Z Y. 2017. Phytoplankton communities determine the spatiotemporal heterogeneity of alkaline phosphatase activity: Evidence from a tributary of the Three Gorges Reservoir. Scientific Reports，7：16404.

Yue J，Yuan X Z，Li B，et al. 2016. Emergy and exergy evaluation of a dike-pond project in the drawdown zone（DDZ）of the Three Gorges Reservoir（TGR）. Ecological Indicators，71：248-257.

附录1 澎溪河湿地自然保护区维管植物名录

中文名	拉丁名	生活型	资源植物类型
I 蕨类植物门（Pteridophyta）			
1 石松科（Lycopodiaceae）			
石松	*Lycopodium japonicum*	⑤	▲
垂穗石松	*Palhinhaea cernua*	⑤	◆
2 卷柏科（Selaginellaceae）			
蔓生卷柏	*Selaginella davidii*		
薄叶卷柏	*S. delicatula*	⑤	
深绿卷柏	*S. doederleinii*	⑤	◆
江南卷柏	*S. moellendorffii*	⑤	◆
伏地卷柏	*S. nipponica*	⑤	
翠云草	*S. uncinata*	⑤	◆
3 木贼科（Equisetaceae）			
问荆	*Equisetum arvense*	⑥	◆
披散问荆	*E. difusum*	⑥	◆
节节草	*E. ramosissimum*	⑥	◆
笔管草	*Hippochaete debilis*	⑥	◆
4 阴地蕨科（Botrychiaceae）			
穗状假阴地蕨	*Botrypus strictus*	⑤	
蕨萁	*B. virginianus*	⑤	
阴地蕨	*Botrychium ternatum*	⑤	
5 紫萁科（Osmundaceae）			
紫萁	*Osmunda japonica*	⑤	■
华南紫萁	*O. vachellii*	⑤	
6 里白科（Gleicheniaceae）			
芒萁	*Dicranopteris pedata*	⑤	◆
中华里白	*Diplopetrygium chinense*	⑤	
里白	*D. glaucum*	⑤	

中文名	拉丁名	生活型	资源植物类型
7 海金沙科（Lygodiaceae）			
海金沙	*Lygodium japonicum*	⑤	◆
8 碗蕨科（Dennstaedtiaceae）			
溪洞碗蕨	*Dennstaedtia wilfordii*	⑤	
边缘鳞盖蕨	*Microlepia marginata*	⑤	◆
9 鳞始蕨科（Lindsaeaceae）			
乌蕨	*Sphenomeris chinensis*	⑤	◆
10 蕨科（Pteridiaceae）			
蕨	*Pteridium aquilinum*	⑤	■◆▲
密毛蕨	*P. revdutum*	⑤	■◆●
11 凤尾蕨科（Pteridaceae）			
辐状凤尾蕨	*Pteris actinopteroides*	⑤	
凤尾蕨	*P. cregtica* var. *intermedia*	⑤	◆
岩凤尾蕨	*P. deltodon*	⑤	
剑叶凤尾蕨	*P. ensiformis*	⑤	◆
溪边凤尾蕨	*P. excelsa*	⑤	
井口边草	*P. cretica*	⑤	◆
蜈蚣草	*P. vittata*	⑤	◆
12 中国蕨科（Sinopteridaceae）			
日本金粉蕨	*Onychium japonicum*	⑤	◆
13 铁线蕨科（Adiantaceae）			
铁线蕨	*Adiantum capillus-veneris*	⑤	◆
团羽铁线蕨	*A. capillus-junonis*	⑤	◆
白背铁线蕨	*A. davidii*	⑤	
肾盖铁线蕨	*A. erythrochlamys*	⑤	
14 裸子蕨科（Hemionitidaceae）			
凤丫蕨	*Coniogramme japonica*	⑤	◆
15 蹄盖蕨科（Athriaceae）			
亮毛蕨	*Acystopteris japonica*	⑤	
中华短肠蕨	*Allantodia chinensis*	⑤	
华东蹄盖蕨	*Athyrium nipponicum*	⑤	
长江蹄盖蕨	*A. iseanum*	⑤	
华东安蕨	*Anisocampium sheareri*	⑤	

续表

中文名	拉丁名	生活型	资源植物类型
16 金星蕨科（Thelypteridaceae）			
渐尖毛蕨	*Cyclosorus acuminatus*	⑤	◆
干旱毛蕨	*C. aridus*	⑤	
腺毛金星蕨	*Parathelypteris glanduligera*	⑤	
中日金星蕨	*P. nipponica*	⑤	
披针新月蕨	*Pronephrium penangianum*	⑤	◆
17 铁角蕨科（Aspleniaceae）			
铁角蕨	*Asplenium trichomanes*	⑤	
毛轴铁角蕨	*A. crinicaule*	⑤	
虎尾铁角蕨	*A. incisum*	⑤	◆
华中铁角蕨	*A. sarelii*	⑤	
18 乌毛蕨科（Blchnaceae）			
狗脊蕨	*Woodwardia japonica*	⑤	◆
单芽狗脊蕨	*W. unigemmata*	⑤	
19 鳞毛蕨科（Dryopteridaceae）		⑤	
尾形复叶耳蕨	*Arachniodes caudate*	⑤	
斜方复叶耳蕨	*A. rhomboidea*	⑤	
长尾复叶耳蕨	*A. simplicior*	⑤	
镰羽贯众	*Cyrtomium balansae*	⑤	
贯众	*C. fortunei*	⑤	◆
阔鳞鳞毛蕨	*Dryopteris championii*		
尖齿耳蕨	*Polystichum acutidens*		
20 水龙骨科（Polypodiaceae）			
瓦韦	*Lepisorus thunbergianus*	⑤	
阔叶瓦韦	*L. tosaensis*	⑤	
石韦	*Pyrrosia lingua*	⑤	◆
有柄石韦	*P. petiolosa*	⑤	◆
21 苹科（Marsileaceae）			
苹	*Marsilea quadrifolia*	⑥	◆
22 槐叶苹科（Salviniaceae）			
槐叶苹	*Salvinia natans*	⑥	◆
23 满江红科（Azollaceae）			
满江红	*Azolla imbricata*	⑥	◆

续表

中文名	拉丁名	生活型	资源植物类型
细叶满江红	*A. filiculoides*	⑥	◆
Ⅱ 裸子植物门（Gymnospermae）			
1 苏铁科（Cycadaceae）			
苏铁	*Cycas revoluta*	①	*■◆▲
四川苏铁	*C. szechuanensis*	①	*▲
2 银杏科（Ginkgoaceae）			
银杏	*Ginkgo biloba*	②	*■◆▲
3 南洋杉科（Araucariaceae）			
异叶南洋杉	*Araucaria heterophylla*	①	*◆
4 松科（Pinaceae）			
雪松	*Cedrus deodara*	①	*▲
马尾松	*Pinus massoniana*	①	■◆
5 杉科（Taxodiaceae）			
柳杉	*Cryptomeria fortunei*	①	*
杉木	*Cunninghamia lanceolata*	①	
水杉	*Metasequoia glyptostroboides*	②	*▲
落羽杉	*Taxodium distichum*	②	*
中山杉	*T. Zhongshansha*	②	*
池杉	*T. ascendens*	②	*
水松	*Glyptostrobus pensilis*	②	*
6 柏科（Cupressaceae）			
柏木	*Cupressus funebris*	①	◆
侧柏	*Platyladus orientalis*	①	*▲
圆柏	*Sabina chinensis*	①	*▲
塔柏	*S. chinensis* cv. *Pyramidalis*	①	*▲
7 罗汉松科（Podocarpaceae）			
罗汉松	*Podocarpus macrophyllus*	①	*◆▲
狭叶罗汉松	*P. macrophyllus* var. *angustifolius*	①	*◆▲
Ⅲ 被子植物门（Angiospermae）			
1 三白草科（Saururaceae）			
蕺菜	*Houttuynia cordata*	⑥	■◆
三白草	*Saururus chinensis*		

续表

中文名	拉丁名	生活型	资源植物类型
2 杨柳科（Salicaceae）			
响叶杨	*Populus adenopoda*	②	*
加拿大杨	*P. canadensis*	②	*▲
冬瓜杨	*P. purdomii*	②	*▲
小叶杨	*P. davidiana simonii*	②	*
垂柳	*Salix babylonica*	②	*▲
旱柳	*S. matsudana*	④	*▲
秋华柳	*S. variegata*	⑤	
竹柳	*S. 'zhuliu'*	②	▲
3 桦木科（Betulaceae）			
水桦	*Betula nigra*	②	▲
4 胡桃科（Juglandaceae）			
胡桃	*Juglans regia*	②	*■◆
圆果化香树	*Platycarya longipes*	②	●
化香树	*P. strobilacea*	②	●
湖北枫杨	*Pterocarya hupehensis*	②	▲●
枫杨	*P. stenoptera*	②	▲●
5 桦木科（Betulaceae）			
桤木	*Alnus cremastogyne*	②	
6 壳斗科（Fagaceae）			
麻栎	*Quercus acutissima*	②	●
白栎	*Q. fabri*	②	●
7 榆科（Ulmaceae）			
糙叶树	*Aphananthe aspera*	①	
紫弹树	*Celtis biondii*	②	●
朴树	*C. sinensis*	②	●
羽脉山黄麻	*Trema levigata*	①	
多脉榆	*Ulmus castaneifolia*	②	
榔榆	*U. parvifolia*	②	●
8 桑科（Moraceae）			
葡蟠	*Broussonetia kaempferi*	④	●
小构树	*B. kazinoki*	④	●
构树	*B. papyrifera*	②	●

续表

中文名	拉丁名	生活型	资源植物类型
异叶榕	*Ficus heteromorpha*	④	
爬藤榕	*F. martinii*	④	
地瓜藤	*Ficus tikoua*	④	■
黄葛树	*F. virens* var. *sublanceolata*	②	▲
葎草	*Humulus scandens*	⑤	
桑	*Morus alba*	④	
鸡桑	*M. australis*	④	
9 荨麻科（Urticaceae）			
大叶苎麻	*Boehmeria grandifolia*	⑤	●
苎麻	*B. nivea*	⑤	●
序叶苎麻	*B. clidemioides* var. *diffusa*	⑤	●
水麻	*Debregeasia edulis*	④	●
紫麻	*Oreocnide frutescens*	④	
红火麻	*Girardinia cuspidate*	⑤	●
糯米团	*Memorialis hirta*	⑤	◆
圆瓣冷水花	*Pilea angulata*	⑤	
透茎冷水花	*P. pumila*	⑤	
雾水葛	*Pouzolzia zeylanica*	⑤	◆
小果荨麻	*Urtica atrichocaulis*	⑤	◆
荨麻	*U. fissa*	⑤	◆●
10 蓼科（Polygonaceae）			
金荞麦	*Fagopyrum dibotrys*	⑤	◆
萹蓄	*Polygonum aviculare*		◆
尼泊尔蓼	*P. nepalense*	⑥	
两栖蓼	*P. amphibium*	⑥	
红蓼	*P. orientale*	⑤	
头花蓼	*P. capitatum*	⑤	
火炭母	*P. chinense*	⑤	◆
丛枝蓼	*P. posumbu*	⑤	
窄叶火炭母	*P. chinense* var. *paradoxum*	⑤	▲
虎杖	*P. cuspidatum*	⑤	◆
水蓼	*P. hydropiper*		◆
软茎水蓼	*P. hydropiper* var. *flcccidum*		◆

续表

中文名	拉丁名	生活型	资源植物类型
酸模叶蓼	*P. lapathifolium*	⑤	
小蓼	*P. minus*	⑤	
何首乌	*P. multiflorum*	⑤	◆
杠板归	*P. perfoliatum*	⑤	◆
箭叶蓼	*P. sieboldii*	⑤	
酸模	*Rumex acetosa*	⑤	
羊蹄	*R. japonicus*	⑤	
尼泊尔酸模	*R. nepalensis*	⑤	
11　藜科（Chenopodiaceae）			
藜	*Chenopodium album*	⑤	◆
土荆芥	*C. ambrosioides*	⑤	◆
小藜	*C. serotinum*	⑤	◆
地肤	*Kochia scoparia*	⑤	
菠菜	*Spinacia oleracea*	⑤	*
12　苋科（Amaranthaceae）			
土牛膝	*Achyranthes aspera*	⑤	◆
喜旱莲子草	*Alternanthera philoxeroides*	⑥	
莲子草	*A. sessilis*	⑥	
尾穗苋	*Amaranthus caudatus*	⑤	
绿穗苋	*A. hybridus*	⑤	◆
苋菜	*A. tricolor*	⑤	■
青葙	*Celosia argentea*	⑤	◆
13　紫茉莉科（Nyctaginaceae）			
紫茉莉	*Mirabilis jalapa*	⑤	▲
14　商陆科（Phytolaccaceae）			
商陆	*Phytolacca acinosa*	⑤	◆
垂序商陆	*P. americana*	⑤	◆
15　马齿苋科（Portulacaceae）			
马齿苋	*Portulaca oleracea*	⑤	■◆
土人参	*Talinum paniculatum*	⑤	◆
16　落葵科（Basellaceae）			
落葵薯	*Anredera cordifolia*	⑤	*■◆
落葵	*Basella rubra*	⑤	*■◆

续表

中文名	拉丁名	生活型	资源植物类型
17 石竹科（Caryophyllaceae）			
蚤缀	*Arenaria serpyllifolia*	⑤	◆
簇生卷耳	*Cerastium caespitosum*	⑤	◆
卷耳	*C. arvense*	⑤	◆
狗筋蔓	*Cucubalus baccifer*	⑤	
漆姑草	*Sagina japonica*	⑤	◆
繁缕	*Stellaria media*	⑤	■◆
峨眉繁缕	*S. omeiensis*	⑤	
岩生蒲儿根	*Sinosenecio saxatilis*	⑤	
雀舌草	*S. uliginosa*	⑤	
18 睡莲科（Nymphaeaceae）			
莲	*Nelumbo nucifera*	⑥	*■▲
红睡莲	*Nymphaea alba*	⑥	*▲
黄睡莲	*N. mexicana*	⑥	*▲
19 金鱼藻科（Ceratophyllaceae）			
金鱼藻	*Ceratophyllum demersum*	⑥	▲
20 毛茛科（Ranunculaceae）			
打破碗花花	*Anemone hupehensis*	⑤	◆
小木通	*Clematis armandii*	④	◆
威灵仙	*C. chinensis*	④	◆
山木通	*C. finetiana*	④	◆
小蓑衣藤	*C. gouriana*	④	◆
单叶铁线莲	*C. henryi*	④	
巴山铁线莲	*C. Kirilowii* var. *pashanensis*	④	
大花还亮草	*Delphinium anthriscifolium* var. *majus*	⑤	
毛茛	*Ranunculus japonicus*	⑥	◆
石龙芮	*R. sceleratus*	⑥	◆
扬子毛茛	*R. sieboldii*	⑥	◆
西南毛茛	*R. ficariifolius*	⑥	◆
盾叶唐松草	*Thalictrum ichangense*	⑤	
东亚唐松草	*T. thunbergii*	⑤	
21 木通科（Lardizabalaceae）			
三叶木通	*Akebia trifoliata*	④	◆

续表

中文名	拉丁名	生活型	资源植物类型
白木通	*A. trifoliate* var. *australis*	④	◆
22 小檗科（Berberidaceae）			
粗毛淫羊藿	*Epimedium acuminatum*	⑤	◆
四川淫羊藿	*E. sutchuenense*	⑤	◆
阔叶十大功劳	*Mahonia bealei*	③	*◆▲
南天竹	*Nandina domestica*	③	*◆▲
23 防己科（Menispermaceae）			
木防己	*Cocculus orbiculatus*	④	◆
四川轮环藤	*Cyclea sutchuenensis*	④	◆
西南轮环藤	*C. wattii*	④	◆
千金藤	*Stephania japonica*	④	◆
青牛胆	*Tinospora sagittata*	④	◆
24 木兰科（Magnoliaceae）			
白玉兰	*Magnolia denudata*	②	*◆▲
荷花玉兰	*M. grandiflora*	②	*▲
紫玉兰	*M. liliflora*	②	*◆▲
白兰花	*Michelia alba*	①	*◆▲
含笑花	*M. figo*	③	*▲
铁箍散	*Schisandra propinqua* var. *sinensis*	④	◆
25 蜡梅科（Calycanthaceae）			
蜡梅	*Chimonanthus praecox*	④	*▲
26 樟科（Lauraceae）			
香樟	*Cinnamomum camphora*	①	*◆●▲
猴樟	*C. bodinieri*	①	◆
天竺桂	*C. japonicum*	①	*▲●
香叶树	*Lindera communis*	②	■●
黑壳楠	*L. megaphylla*	①	▲
27 罂粟科（Papaveraceae）			
川东紫堇	*Corydalis acuminata*	⑤	
紫堇	*C. edulis*	⑤	
黄堇	*C. pallida*	⑤	
小花黄堇	*C. racemosa*	⑤	
唐松草叶紫堇	*C. thalictrifolia*	⑤	

中文名	拉丁名	生活型	资源植物类型
毛黄堇	*C. tomentella*	⑤	
28 十字花科（Cruciferae）			
油菜	*Brassica campestris*	⑤	
甘蓝	*B. oleracea*	⑤	
芜菁甘蓝	*B. napobrassica*	⑤	*■
卷心菜	*B. oleracea* var. *capitata*	⑤	*■
芜菁	*B. rapa*	⑤	*■
芥菜	*B. juncea*	⑤	*■
塌棵菜	*B. narinosa*	⑤	*■
荠菜	*Capsella brusa-pastoris*	⑤	■
碎米荠	*Cardamine hirsuta*	⑤	
弹裂碎米荠	*C. impatiens*	⑤	◆
水田碎米荠	*C. lyrata*	⑥	
大叶碎米荠	*C. macrophylla*	⑤	
萝卜	*Raphanus sativus*	⑤	*■
蔊菜	*Rorippa indica*	⑤	◆
29 景天科（Crassulaceae）			
费菜	*Sedum aizoon*	⑤	▲
凹叶景天	*S. emarginatum*	⑤	◆
佛甲草	*S. lineare*	⑤	▲◆
齿叶景天	*S. odontmphyllum*	⑤	
垂盆草	*S. sarmentosum*	⑤	◆
石莲花	*Sinocrassula indica*	⑤	*
30 虎耳草科（Saxifragaceae）			
月月青	*Ites ilicifolia*	③	
虎耳草	*Saxifraga stolonifera*	⑤	◆
31 海桐花科（Pittosporaceae）			
狭叶海桐	*Pittosporum glabratum* var. *neriifolium*	③	
海金子	*P. illicioides*	③	
棱果海桐	*P. trigonocarpum*	③	
崖花子	*P. truncatum*	③	
32 金缕梅科（Hamamelidaceae）			
杨梅叶蚊母树	*Distylium myricoide*	③	*▲

续表

中文名	拉丁名	生活型	资源植物类型
缺萼枫香树	*Liquidambar acalycina*	②	
枫香树	*L. formosana*	②	◆
山枫香树	*L. formosana* var. *monticola*	②	
继木	*Loropetalum chinensis*	③	
红花继木	*L. chinense* var. *rubrum*	③	*▲
33 蔷薇科（Rosaceae）			
龙芽草	*Agrimonia pilosa*	⑤	◆
蛇莓	*Duchesnea indica*	⑤	
枇杷	*Eriobotrya japonica*	①	*
黄毛草莓	*Fragaria nilgerrensis*	⑤	
路边青	*Geum aleppicum*	⑤	
棣棠花	*Kerria japonica*	④	*▲
湖北海棠	*Malus hupehensis*	④	*▲
中华绣线梅	*Neillia sinensis*	④	▲
光叶石楠	*Photinia glabra*	①	
小叶石楠	*P. parvifolia*	①	
石楠	*P. serrulata*	①	*
翻白草	*Potentilla discolor*	⑤	◆
莓叶委陵菜	*P. fragarioides*	⑤	◆
蛇含委陵菜	*P. kleiniana*	⑤	
毛桃	*Prunus davidiana*	②	■
桃	*P. persica*	②	*
李	*P. salicina*	②	*
锈毛稠李	*P. rufomicans*	②	
全缘火棘	*Pyracantha atalantioides*	③	▲
细圆齿火棘	*P. crenulata*	③	▲
火棘	*P. fortuneana*	③	▲
麻梨	*Pyrus serrulata*	②	
沙梨	*P. pyrifolia*	②	
尾叶樱桃	*Cerasus dielsiana*	②	■
木香花	*Rosa banksiae*	③	
小果蔷薇	*R. cymosa*	③	▲
卵果蔷薇	*R. helenae*	③	▲

续表

中文名	拉丁名	生活型	资源植物类型
软条七蔷薇	*R. henryi*	③	▲
金樱子	*R. laevigata*	③	◆
缫丝花	*R. roxburghii*	④	◆•
悬钩子蔷薇	*R. rubus*	④	
腺毛莓	*Rubus adenophorus*	④	■
竹叶鸡爪茶	*R. bambusarum*	④	■
长序莓	*R. chiliadenus*	④	■
毛萼莓	*R. chroosepalus*	④	■
山莓	*R. corchorifolius*	④	■
腺毛莓	*R. adenophorus*	④	■
毛叶插田泡	*R. coreanus* var. *tomentosus*	④	■
大红泡	*R. eustephanus*	④	
腺毛大红泡	*R. eustephanus* var. *glanduliger*	④	
宜昌悬钩子	*R. ichangensis*	④	■
白叶莓	*R. innominatus*	④	
灰毛泡	*R. irenaeus*	④	
高粱泡	*R. lambertianus*	④	■
棠叶悬钩子	*R. malifolius*	④	
喜阴悬钩子	*R. mesogaeus*	④	
大乌泡	*R. multibracteatus*	④	
乌泡子	*R. parkeri*	④	■
黄泡	*R. pectinellus*	④	■
川莓	*R. setchuenensis*	④	
红腺悬钩子	*R. sumatranus*	④	
木莓	*R. swinhoei*	④	■
三花悬钩子	*R. trianthus*	④	
中华绣线菊	*Spiraea chinensis*	④	▲
34 豆科（Leguminosae）			
合萌	*Aeschynomene indica*	⑤	
山合欢	*Albizia kalkora*	②	▲
合欢	*A. julibrissin*	②	▲
紫云英	*Astragalus sinicus*	⑤	
湖北羊蹄甲	*Bauhinia hupehana*	①	▲

续表

中文名	拉丁名	生活型	资源植物类型
云实	*Caesalpinia decapetala*	③	
喙荚云实	*C. minax*	③	
宜昌杭子梢	*C. macrocarpa*	④	
锦鸡儿	*Caragana sinica*	④	
决明	*Cassia obtusifolia*	④	
湖北紫荆	*Cercis glabra*	④	▲
大金刚藤	*Dalbergia dyeriana*	③	
黄檀	*D. hupeana*	③	
小槐花	*Desmodium caudatum*	④	◆
四川山蚂蝗	*D. szechuenense*	④	
小鸡藤	*Dumasia forrestii*	④	
山黑豆	*D. truncata*	④	
皂荚	*Gleditsia sinensis*	②	●
大豆	*Glycine max*	②	*▲
刺桐	*Erythrina variegata*	②	*▲
马棘	*Indigofera pseudotinctoria*	④	◆
长萼鸡眼草	*Kummerowia stipulacea*		
中华胡枝子	*Lespedeza chinensis*	④	▲
截叶铁扫帚	*L. cuneata*	④	▲
美丽胡枝子	*L. formosa*	④	▲
铁马鞭	*L. pilosa*	④	▲
小苜蓿	*Medicago minima*		
野苜蓿	*M. falcate*	⑤	
草木犀	*Melilotus officinalis*	⑤	
香花崖豆藤	*Millettia dielsiana*	③	◆
网络崖豆藤	*M. reticulata*	③	◆
锈毛崖豆藤	*M. sericosema*	③	◆
菜豆	*Phaseolus vulgaris*	⑤	*
豌豆	*Pisum sativum*	⑤	*
野葛	*Pueraria lobata*	⑤	■◆
苦葛	*P. peduncularis*	⑤	■◆
粉葛	*P. lobata*	⑤	■◆
菱叶鹿藿	*Rhynchosia dielsii*	⑤	

续表

中文名	拉丁名	生活型	资源植物类型
鹿藿	*R. volubilis*	⑤	
刺槐	*Robinia pseudoacacia*	②	▲
红车轴草	*Trifolium pratense*	⑤	· *
白车轴草	*T. repens*	⑤	*
窄叶野豌豆	*Vicia angustifolia*	⑤	
广布野豌豆	*V. cracca*	⑤	
蚕豆	*V. faba*	⑤	*
小巢菜	*V. hirsuta*	⑤	
救荒野豌豆	*V. sativa*	⑤	
赤豆	*Vigna angularis*	⑤	*
绿豆	*V. radiata*	⑤	*
长豇豆	*V. unguiculata*	⑤	*
35 酢浆草科（Oxalidaceae）			
酢浆草	*Oxalis corniculata*	⑤	◆
山酢浆草	*O. acetosella*	⑤	*◆
36 芸香科（Rutaceae）			
松风草	*Boenninghausenia albiflora*	⑤	◆
酸橙	*Citrus aurantium*	①	*
柚	*C. grandis*	①	*
橘	*C. reticulata*	①	*
橙	*C. sinensis*	①	*
吴茱萸	*Euodia rutaecarpa*	③	◆
日本臭常山	*Orixa japonica*	③	
竹叶花椒	*Zanthoxylum armatum*	③	
砚壳花椒	*Z. dissitum*	③	
狭叶花椒	*Z. stenophyllum*	③	
37 苦木科（Simaroubaceae）			
臭椿	*Ailanthus altissima*	②	*
38 楝科（Meliaceae）			
苦楝	*Melia azedarach*	②	◆
川楝	*M. toosendan*	②	◆
香椿	*Toona sinensis*	②	■

续表

中文名	拉丁名	生活型	资源植物类型
39 远志科（Polygalaceae）			
黄花远志	*Polygala fallax*	⑤	
瓜子金	*P. japonica*	⑤	
40 大戟科（Euphorbiaceae）			
铁苋菜	*Acalypha australis*	⑤	
山麻杆	*Alchornea davidii*		
重阳木	*Bischofia polycarpa*	②	
秋枫	*B. javanica*	①	*▲
巴豆	*Croton tiglium*	②	◆
泽漆	*Euphorbia helioscopia*	⑤	
长圆叶大戟	*E. sieboldiana*	⑤	
飞扬草	*E. hirta*	⑤	
地锦	*E. humifusa*	⑤	
通奶草	*E. indica*	⑤	
银边翠	*E. marginata*	⑤	▲
钩腺大戟	*E. sieboldiana*	⑤	
革叶算盘子	*Glochidion daltonii*	②	
毛桐	*Mallotus barbatus*	③	
粗糠柴	*M. philippinensis*	②	
石岩枫	*M. repandus*	②	
野桐	*M. tenuifolius*	②	
青灰叶下珠	*Phyllanthus glaucus*	⑤	
叶下珠	*P. urinaria*	⑤	
蓖麻	*Ricinus communis*	④	◆
乌桕	*Sapium sebiferum*	②	*●
油桐	*Vernicia fordii*	②	*●
41 黄杨科（Buxaceae）			
雀舌黄杨	*Buxus bodinieri*	③	*▲
黄杨	*B. sinica*	③	*▲
42 马桑科（Coriariaceae）			
马桑	*Coriaria nepalensis*	④	
43 漆树科（Anacardiaceae）			
黄连木	*Pistacia chinensis*	①	

中文名	拉丁名	生活型	资源植物类型
盐肤木	*Rhus chinensis*	②	●
青麸杨	*R. potaninii*	②	
红麸杨	R. punjabensis var. *sinica*	②	
野漆树	*Toxicodendron succedaneum*	②	●
木蜡树	*T. sylvestre*	②	●
44 卫矛科（Celastraceae）			
冬青卫矛	*Euonymus japonicus*	③	*▲
45 无患子科（Sapindaceae）			
复羽叶栾树	*Koelreuteria bipinnata*	②	
无患子	*Sapindus mukorossi*	②	*●
46 凤仙花科（Balsaminaceae）			
细柄凤仙花	*Impatiens leptocaulon*	⑤	▲
水金凤	*I. noli-tangere*	⑤	▲
黄金凤	*I. siculifer*	⑤	▲
47 鼠李科（Rhamnaceae）			
多花勾儿茶	*Berchemia floribunda*	③	
光枝勾儿茶	B. polyphylla var. *leioclada*	③	
马甲子	*Paliurus ramosissimus*	④	
长叶冻绿	*Rhamnus crenata*	③	
异叶鼠李	*R. heterophylla*	③	
小冻绿树	*R. rosthornii*	③	
冻绿	*R. utilis*	③	
枣	*Ziziphus jujuba*	②	*
48 葡萄科（Vitaceae）			
蓝果蛇葡萄	*Ampelopsis bodinieri*	③	
三裂叶蛇葡萄	*A. delavayana*	③	
白乌蔹莓	*Cayratia albifolia*	⑤	
大叶乌蔹莓	*C. oligocarpa*	③	
三叶乌蔹莓	*C. trifolia*	③	
异叶地锦	*Parthenocissus dalzielii*	④	▲
地锦	*P. tricuspidata*	④	▲
桦叶葡萄	*Vitis betulifolia*	④	
刺葡萄	*V. davidii*	④	

续表

中文名	拉丁名	生活型	资源植物类型
毛葡萄	*V. quinguangularis*	④	
49 椴树科（Tiliaceae）			
光果田麻	*Corchoropsis psilocarpa*	⑤	
田麻	*C. tomentosa*	⑤	
50 锦葵科（Malvaceae）			
地桃花	*Urena lobata*	④	▲
51 梧桐科（Sterculiaceae）			
梧桐	*Firmiana platanifolia*	②	*
52 猕猴桃科（Actindiaceae）			
毛枝秤花藤	*Actinidia callosa*	④	
53 山茶科（Theaceae）			
油茶	*Camellia oleifera*	③	*●
茶	*C. sinensis*	③	*●
短柱柃	*Eurya brevistyla*	③	
细枝柃	*E. loquaiana*	③	
钝叶柃	*E. obtusifolia*	③	
54 藤黄科（Guttiferae）			
金丝桃	*Hypericum chinense*	④	▲
小连翘	*H. erectum*	④	▲
地耳草	*H. japonicum*	⑤	
金丝梅	*H. patulum*	④	
元宝草	*H. sampsonii*	⑤	
55 堇菜科（Violaceae）			
戟叶堇菜	*Viola betonicifolia*	⑤	
长茎堇菜	*V. brunneostipulosa*	⑤	
深圆齿堇菜	*V. davidii*	⑤	
光蔓茎堇菜	*V. diffusoides*	⑤	
紫花堇菜	*V. grypoceras*	⑤	
长萼堇菜	*V. inconspicua*	⑤	
堇菜	*V. verecunda*	⑤	
56 大风子科（Flacourtiaceae）			
柞木	*Xylosma japonicum*	①	

续表

中文名	拉丁名	生活型	资源植物类型
57 秋海棠科（Begoniaceae）			
秋海棠	*Begonia evansiana*	⑤	▲
58 千屈菜科（Lythraceae）			
紫薇	*Lagerstroemia indica*	②	*▲
节节菜	*Rotala indica*	⑥	
圆叶节节菜	*R. rotundifolia*	⑥	
59 瑞香科（Thymelaeaceae）			
小黄构	*Wikstroemia micrantha*	④	●
60 胡颓子科（Elaeagnaceae）			
巴东胡颓子	*Elaeagnus difficilis*	④	■
宜昌胡颓子	*E. henryi*	④	
木半夏	*E. multiflora*	④	
牛奶子	*E. umbellata*	④	■
61 蓝果树科（Nyssaceae）			
喜树	*Camptotheca acuminata*	②	*◆
62 八角枫科（Alangiaceae）			
八角枫	*Alangium chinensis*	②	◆
稀花八角枫	*A. chinense* var. *pauciflorum*	④	
小花八角枫	*A. faberi*	④	
瓜木	*A. platanifolium*	②	
63 桃金娘科（Myrtaceae）			
尾巨桉	*Eucalyptus grandis*×*E. urophylla*	①	*●
大叶桉	*E. robusta*	①	*●
细叶桉	*E. tereticornis*	①	*●
64 野牡丹科（Melastomataceae）			
展毛野牡丹	*Melastoma normale*	④	▲
楮头红	*Sarcopyramis nepalensis*	⑤	
小叶肉穗草	*S. parvifolia*	⑤	
65 菱科（Trapaceae）			
菱角	*Trapa bispinosa*	⑥	■
66 柳叶菜科（Onagraceae）			
柳叶菜	*Epilobium hirsutum*	⑥	
水龙	*Jussiaea repens*	⑥	
丁香蓼	*Ludwigia prostrate*	⑥	

续表

中文名	拉丁名	生活型	资源植物类型
67　五加科（Araliaceae）			
楤木	*Aralia chinensis*	④	■
假通草	*Euaraliopsis ciliata*	③	
常春藤	*Hedera nepalensis* var. *sinensis*	④	▲
穗序鹅掌柴	*Schefflera delavayi*	③	▲
鹅掌柴	*S. octophylla*	③	*▲
通脱木	*Tetrapanax papyriferus*	③	▲
68　伞形科（Umbelliferae）			
柴胡	*Bupleurum chinensis*	⑤	◆
小叶柴胡	*B. kamiltonii*	⑤	◆
竹叶柴胡	*B. marginatum*	⑤	◆
积雪草	*Centella asiatica*	⑤	◆
芫荽	*Coriandrum sativum*	⑤	*■
鸭儿芹	*Cryptotaenia japonica*	⑤	■
野胡萝卜	*Daucus carota*	⑤	
茴香	*Foeniculum vulgare*	⑤	
天胡荽	*Hydrocotyle sibthorpioides*	⑤	◆
水芹	*Oenanthe javanica*	⑥	◆
破子草	*Torilis japonica*	⑤	
窃衣	*T. scabra*	⑤	
69　鹿蹄草科（Pyrolaceae）			
普通鹿蹄草	*Pyrola decorata*	⑤	
70　杜鹃花科（Ericaceae）			
小果南烛	*Lyonia ovalifolia*	④	
美丽马醉木	*Pieris formisa*	③	
腺萼马银花	*Rhododendron bachii*	③	
杜鹃	*R. simsii*	④	*▲
长蕊杜鹃	*R. stamineum*	③	*▲
71　紫金牛科（Myrsinaceae）			
硃砂根	*Ardisia crenata*	④	◆
紫金牛	*A. japonica*	④	◆
湖北杜茎山	*Maesa hupehensis*	③	
杜茎山	*M. japonica*	③	

续表

中文名	拉丁名	生活型	资源植物类型
针齿铁仔	*Myrsine semiserrata*	③	
光叶铁仔	*M. stolonifera*	③	
密花树	*Rapanea neriifolia*	①	
72 报春花科（Primulaceae）			
过路黄	*Lysimachia christinae*	⑤	◆
聚花过路黄	*L. congestiflora*	⑤	◆
叶头过路黄	*L. phyllocephala*	⑤	
重楼排草	*L. paridiformis*	⑤	◆
73 山矾科（Symplocaceae）			
光叶山矾	*Symplocos lancifolia*	①	
74 木犀科（Oleaceae）			
苦枥木	*Fraxinus retusa*	②	
迎春花	*Jasminum nudiflorum*	③	*▲
茉莉花	*J. sambac*	④	*▲
女贞	*Ligustrum lucidum*	①	*▲
蜡子树	*L. molliculum*	③	▲
小叶女贞	*L. quihoui*	③	*
桂花	*Olea fragrans*	①	*▲
丹桂	*O. fragrans* var. *aurantiacus*	①	*▲
银桂	*O. fragrans* var. *thunbergii*	①	*▲
75 马钱科（Loganiaceae）			
巴东醉鱼草	*Buddleja albiflora*	④	◆
皱叶醉鱼草	*B. crispa*	④	◆
醉鱼草	*B. lindleyana*	④	◆
密蒙花	*B. officinalis*	④	◆
76 夹竹桃科（Apocynaceae）			
夹竹桃	*Nerium indicum*	③	*▲
紫花络石	*Trachelospermum axillare*	④	
络石藤	*T. jasminoides*	④	
77 萝藦科（Asclepiadaceae）			
牛皮消	*Cynanchum auriculatum*	⑤	◆
青蛇藤	*Periploca calophylla*	④	◆

续表

中文名	拉丁名	生活型	资源植物类型
78 旋花科（Convolvulaceae）			
打碗花	*Calystegia hederacea*	⑤	◆
篱天剑	*C. hederacea*	⑤	
菟丝子	*Cuscuta chinensis*	⑤	◆
圆叶牵牛	*Pharbitis purpurea*	⑤	◆
蕹菜	*Ipomoea aquatica*	⑥	
79 紫草科（Boraginaceae）			
倒提壶	*Cynoglossum amabile*	⑤	
琉璃草	*C. zeylanicum*	⑤	
紫草	*Lithospermum erythrorrhizon*	⑤	
西南附地菜	*Trigonotis cavaleriei*	⑤	
湖北附地菜	*T. mollis*	⑤	
附地菜	*T. peduncularis*	⑤	
80 马鞭草科（Verbenaceae）			
臭牡丹	*Clerodendrum bungei*	③	◆
黄荆	*Vitex negundo*	④	
牡荆	*V. negundo* var. *cannabifolia*	④	
荆条	*V. negundo* var. *heterophylla*	④	
81 唇形科（Labiatae）			
藿香	*Agastache rugosa*	⑤	◆
散瘀草	*Ajuga pantantha*	⑤	◆
紫背金盘	*A. nipponensis*	⑤	◆
邻近风轮菜	*Clinopodium confine*	⑤	
细风轮菜	*C. gracile*	⑤	
香薷	*Elsholtzia ciliata*	⑤	◆
野草香	*E. cypriani*	⑤	◆
活血丹	*Glechoma longituba*	⑤	◆
野芝麻	*Lamium barbatum*	⑤	
益母草	*Leonurus artemisia*	⑤	
蜜蜂花	*Melissa axillaris*	⑤	
野薄荷	*Mentha haplocalyx*	⑤	◆
石香薷	*Mosla chinensis*	⑤	◆
石荠苎	*M. scabra*	⑤	

续表

中文名	拉丁名	生活型	资源植物类型
牛至	*Origanum vulgare*	⑤	
紫苏	*Perilla frutescens*	⑤	◆
夏枯草	*Prunella vulgaris*	⑤	◆
野丹参	*Salvia vasta*	⑤	◆
黄芩	*Scutellaria baicalensis*	⑤	◆
韩信草	*S. indica*	⑤	
水苏	*Stachys japonica*	⑤	◆
82 茄科（Solanaceae）			
辣椒	*Capsicum annuumm*	⑤	*
夜香树	*Cestrum nocturnum*	③	*
枸杞	*Lycium chinense*	④	◆
番茄	*Lycopersicon esculentum*	⑤	*
烟草	*Nicotiana tabacum*	⑤	*
酸浆	*Physalis alkekengi*		
白英	*Solanum lyvatum*	⑤	◆
茄	*S. melongena*	⑤	*
刺天茄	*S. indicum*		
珊瑚樱	*S. pseudo-capsicum*	⑤	*▲
阳芋	*S. tuberosum*	⑤	*
龙葵	*S. nigrum*	⑤	◆
83 玄参科（Scrophulariaceae）			
通泉草	*Mazus japonicus*	⑥	
毛果通泉草	*M. spicatus*	⑤	
川泡桐	*Paulownia fargesii*	②	*
白花泡桐	*P. fortunei*	②	*
毛泡桐	*P. tomentosa*	②	
婆婆纳	*Veronica didyma*	⑥	
北水苦荬	*V. anagallis-aquatica*	⑥	
四川婆婆纳	*Veronica szechuanica*	⑤	
细穗腹水草	*Veronicastrum stenostachyum*	⑤	
宽叶腹水草	*V. latifolium*	⑤	
陌上菜	*Lindernia procumbens*	⑥	
泥花草	*L. antipoda*	⑥	

续表

中文名	拉丁名	生活型	资源植物类型
84　紫葳科（Bignoniaceae）			
灰楸	*Catalpa fargesii*	②	
梓树	*C. ovata*	②	
85　爵床科（Acanthaceae）			
狗肝菜	*Dicliptera chinensis*	⑤	
爵床	*Rostellularia procumbens*	⑤	◆
86　车前科（Plantaginaceae）			
车前	*Plantago asiatica*	⑤	◆
平车前	*P. depressa*	⑤	
大车前	*P. major*	⑤	◆
87　茜草科（Rubiaceae）			
猪殃殃	*Galium aparine* var. *tenerum*	⑤	
硬毛拉拉藤	*G. boreale* var. *ciliatum*	⑤	
四叶葎	*G. bungei*	⑤	
栀子	*Gardenia jasminoides*	③	*◆▲
鸡矢藤	*Paederia scandens*	⑤	◆
毛鸡矢藤	*P. scandens* var. *tomentosa*	⑤	◆
茜草	*Rubia cordifolia*	⑤	
四轮草	*R. cordifolia* var. *stenophylla*	⑤	
白马骨	*Serissa serissoides*	③	◆
88　忍冬科（Caprifoliaceae）			
糯米条	*Abelia chinensis*	⑤	
淡红忍冬	*Lonicera acuminata*	④	◆
苦糖果	*L. fragrantissma* ssp. *Standishii*	④	
忍冬	*L. japonica*	④	◆
金银忍冬	*L. maackii*	④	◆
接骨草	*Sambucus chinensis*	⑤	◆
接骨木	*S. williamsii*	④	◆
金佛山荚蒾	*Viburnum chinshanense*	③	
宜昌荚蒾	*V. erosum*	④	
直角荚蒾	*V. foetidum*	④	
巴东荚蒾	*V. henryi*	④	
鸡树条	*V. opulus*	④	

中文名	拉丁名	生活型	资源植物类型
蝴蝶戏珠花	*V. plicatum* var. *tomentosum*	④	
球核荚蒾	*V. propinquum*	④	
茶荚蒾	*V. setigerum*	④	
89 败酱科（Valerianaceae）			
败酱	*Patrinia scabiosaefolia*	⑤	
缬草	*Valeriana officinalis*	⑤	◆
90 川续断科（Dipsacaceae）			
川续断	*Dipsacus asper*	⑤	◆
日本续断	*D. japonicus*	⑤	◆
91 葫芦科（Cucurbitaceae）			
冬瓜	*Benincasa hispida*	⑤	*
黄瓜	*Cucumis sativus*	⑤	*
南瓜	*Cucurbita moschata*	⑤	*
绞股蓝	*Gynostemma pentaphyllum*	⑤	◆
瓠子	*Lagenaria siceraria* var. *hispida*	⑤	*
丝瓜	*Luffa cylindrical*	⑤	*
苦瓜	*Momordica charantia*	⑤	*
王瓜	*Trichosanthes cucumeroides*	⑤	
老鼠拉冬瓜	*Zehneria indica*	⑤	
92 桔梗科（Campanulaceae）			
丝裂沙参	*Adenophora capillaris*	⑤	◆
聚叶沙参	*A. wilsonii*	⑤	◆
紫斑风铃草	*Campanula punctata*	⑤	
93 菊科（Compositae）			
高山蓍	*Achillea alpina*	⑤	
云南蓍	*A. wilsoniana*	⑤	
腺梗菜	*Adenocaulon himalaicum*	⑤	
下田菊	*Adenostemma lavenia*	⑤	
胜红蓟	*Ageratum conyzoides*	⑤	
旋叶香青	*Anaphalis contorta*	⑤	
珠光香青	*A. margaritacea*	⑤	
香青	*A. sinica*	⑤	
牛蒡	*Arctium lappa*	⑤	◆

续表

中文名	拉丁名	生活型	资源植物类型
青蒿	*Artemisia carvifolia*	⑤	◆
黄花蒿	*A. annua*	⑤	◆
艾	*A. argyi*	⑤	◆
茵陈蒿	*A. copillaris*	⑤	◆
南牡蒿	*A. eriopoda*	⑤	
五月艾	*A. indica*	⑤	
牡蒿	*A. japonica*	⑤	
白苞蒿	*A. lactiflora*	⑤	
野艾蒿	*A. lavandulaefolia*	⑤	◆
魁蒿	*A. princeps*	⑤	
灰苞蒿	*A. roxburghiana*	⑤	
牛尾蒿	*A. dubia*	⑤	
三脉紫菀	*Aster ageratoides*	⑤	◆
耳叶紫菀	*A. auriculatus*	⑤	
琴叶紫菀	*A. panduratus*	⑤	
钻叶紫菀	*A. subulatus*	⑤	
婆婆针	*Bidens bipinnata*	⑤	◆
鬼针草	*B. pilosa*	⑤	
白花鬼针草	*B. pilosa* var. *radirata*	⑤	
狼杷草	*B. tripartita*	⑤	
馥芳艾纳香	*Blumea aromatica*	⑤	◆
蟹甲草	*Parasenecio forrestii*	⑤	
节毛飞廉	*Carduus acanthoides*	⑤	
天名精	*Carpesium abrotanoides*	⑤	◆
烟管头草	*C. cernuum*	⑤	◆
小花金挖耳	*C. minum*	⑤	
刺儿菜	*Cephalanoplos segetum*	⑤	◆
大刺儿菜	*C. setosum*	⑤	◆
大蓟	*Cirsium japonicum*	⑤	◆
魁蓟	*C. leo*	⑤	
小白酒草	*Conyza canadensis*	⑤	
白酒草	*C. japonica*	⑤	
野菊	*Dendranthema indicum*	⑤	

续表

中文名	拉丁名	生活型	资源植物类型
鱼眼草	*Dichrocephala auriculata*	⑤	
鳢肠	*Eclipta prostrata*	⑤	
飞蓬	*Erigeron acer*	⑤	
一年蓬	*E. annuus*	⑤	
紫茎泽兰	*Eupatorium adenophorum*	⑤	◆
大吴风草	*Farfugium japonicum*	⑤	
牛膝菊	*Galinsoga parviflora*	⑤	
毛大丁草	*Gerbera piloselloides*	⑤	◆
鼠麹草	*Gnaphalium affine*	⑤	■◆
秋鼠麹草	*G. hypoleucum*	⑤	
野茼蒿	*Gynura crepidioides*	⑤	■
三七草	*G. segetum*	⑤	
菊芋	*Helianthus tuberosusl*	⑤	*■
泥胡菜	*Hemistepta lyrata*	⑤	
欧亚旋覆花	*Inula britanica*	⑤	◆
线叶旋覆花	*I. lineariifolia*	⑤	
苦荬菜	*Ixeris denticulata*	⑤	◆
剪刀股	*I. japonica*	⑤	◆
细叶苦荬菜	*I. gracilias*	⑤	
马兰	*Kalimeris indica*	⑤	◆
山莴苣	*Lagedium sibiricum*	⑤	
莴苣	*Lactuca sativa*	⑤	*■
六棱菊	*Laggera alata*	⑤	
稻槎菜	*Lapsana apogonoides*	⑤	
大丁草	*Leibnitzia anandria*	⑤	
华火绒草	*Leontopodium sinense*	⑤	
秋分草	*Rhynchospermum verticillatum*	⑤	
额河千里光	*Senecio argunensis*	⑤	
千里光	*S. scandens*	⑤	◆
蒲儿根	*Sinosenecio oldhamiaus*	⑤	
豨莶草	*Siegesbeckia orientalis*	⑤	◆
腺梗豨莶	*S. pubescens*	⑤	
苦苣菜	*Sonchus oleraceus*	⑤	

续表

中文名	拉丁名	生活型	资源植物类型
蒲公英	*Taraxacum mongolicum*	⑤	◆
南漳斑鸠菊	*Vernonia nantcianensis*	⑤	
苍耳	*Xanthium sibiricum*	⑤	◆
异叶黄鹌菜	*Youngia heterophylla*	⑤	
黄鹌菜	*Y. japonica*	⑤	
过路黄	*Lysimachia christinae*	⑥	
94 狸藻科（Lentibulariaceae）			
细叶狸藻	*Utricularia minor*	⑥	
南方狸藻	*U. australis*	⑥	
95 香蒲科（Typhaceae）			
水烛	*Typha angustifolia*	⑥	◆
宽叶香蒲	*T. latifolia*	⑥	◆
96 眼子菜科（Potamogetonaceae）			
菹草	*Potamogeton crispus*	⑥	■◆
小叶眼子菜	*P. cristatus*	⑥	
眼子菜	*P. distinctus*	⑥	
篦齿眼子菜	*P. pectinatus*	⑥	◆
蓼叶眼子菜	*P. polygonifolius*	⑥	
97 茨藻科（Najadaceae）			
小茨藻	*Najas minor*	⑥	
草茨藻	*N. graminea*	⑥	
98 泽泻科（Alismataceae）			
窄叶泽泻	*Alisma canaliculatum*	⑥	◆
野慈姑	*Sagittaria trifolia* var. *angustifolia*	⑥	
慈姑	*S. trifolia*	⑥	■
矮慈姑	*S. pygmaea*	⑥	
浮叶慈姑	*S. natans*	⑥	
99 水鳖科（Hydrocharitaceae）			
黑藻	*Hydrilla verticillata*	⑥	
软骨草	*Lagarosiphon alternifolia*	⑥	
有尾水筛	*Blyxa echinosperma*	⑥	
水车前	*Ottelia alismoides*	⑥	

续表

中文名	拉丁名	生活型	资源植物类型
	100 禾本科（Gramineae）		
小糠草	*Agrostis alba*	⑤	
剪股颖	*A. matsumurae*	⑤	
看麦娘	*Alopecurus aepualis*	⑥	
荩草	*Arthraxon hispidus*	⑤	
矛叶荩草	*A. prionodes*	⑤	
野古草	*Arundinella anomala*	⑥	
瘦瘠野古草	*A. hirta* var. *depauperata*	⑤	
芦竹	*Arundo donax*	⑥	◆
野燕麦	*Avena fatua*	⑤	
硬头黄竹	*Bambusa rigida*	③	
毛臂形草	*Brachiaria villosa*	⑤	
疏花雀麦	*Bromus remotiflorus*	⑤	
拂子茅	*Calamagrostis epigejos*	⑤	
细柄草	*Capillipedium parviflorum*	⑤	
硬秆子草	*C. assimile*	⑤	
沿沟草	*Catabrosa aquatica*	⑥	
朝阳隐子草	*Cleistogenes hackeli*	⑤	
薏苡	*Coix lacryma-jobi*	⑥	
狗牙根	*Cynodon dactylon*	⑤	
麻竹	*Dendrocalamus latiflorus*	①	*
房县野青茅	*Deyeuxia henryi*	⑤	
野青茅	*D. arundinacea*	⑤	
十字马唐	*Digitaria cruciata*	⑤	
紫马唐	*D. violascens*	⑤	
稗	*Echinochloa crusgalli*	⑥	
光头稗子	*E. colonum*	⑥	
牛筋草	*Eleusine indica*	⑤	
画眉草	*Eragrostis pilosa*	⑤	
百足草	*Eremochloa ciliaris*	⑤	
拟金茅	*Eulaliopsis binata*	⑤	
金茅	*Eulalia speciosa*	⑤	
野黍	*Eriochloa villosa*	⑥	

续表

中文名	拉丁名	生活型	资源植物类型
羊茅	*Festuca ovina*	⑤	
扁穗牛鞭草	*Hemarthria compressa*	⑥	
白茅	*Imperata cylindrica*	⑤	◆
假稻	*Leersia japonica*	⑥	
多花黑麦草	*Lolium multiflorum*	⑤	*
黑麦草	*L. perenne*	⑤	
淡竹叶	*Lophatherum gracile*	⑤	◆
粟草	*Milium effusum*	⑤	
芭茅	*Miscanthus floridulus*	⑥	
尼泊尔芒	*M. nepalensis*	⑤	
荻	*M. sacchariflorus*	⑥	
芒	*M. sinensis*	⑤	
慈竹	*Neosinocalamus affinis*	①	*
稻	*Oryza sativa*	⑥	*
湖北落芒草	*Oryzopsis henryi*	⑤	
雀稗	*Paspalum thunbergii*	⑤	
双穗雀稗	*P. paspaloides*	⑤	
狼尾草	*Pennisetum alopecuroides*	⑤	
显子草	*Phaenosperma globosa*	⑤	
芦苇	*Phragmites communis*	⑥	●
水竹	*Phyllostachys heteroclada*	③	●
毛竹	*P. heterocycla*	①	*●
斑竹	*P. bambusoides*	①	*●
早熟禾	*Poa annua*	⑤	
细叶早熟禾	*P. angustifolia*	⑤	
法氏早熟禾	*P. fabri*	⑤	
金发草	*Pogonatherum paniceum*	⑤	
金丝草	*P. crinitum*	⑤	
棒头草	*Polypogon fugax*	⑤	
鹅观草	*Roegneria kamoji*	⑤	
竖立鹅观草	*R. japonensis*	⑤	
大狗尾草	*Setaria faberii*	⑤	
金色狗尾草	*S. glauca*	⑤	

续表

中文名	拉丁名	生活型	资源植物类型
棕叶狗尾草	*S. pamlifolia*	⑤	
皱叶狗尾草	*S. plicata*	⑤	
高粱	*Sorghum bicolor*	⑤	*
狗尾草	*S. viridis*	⑤	
鼠尾草	*Salvia japonica*	⑤	
黄背草	*Themeda japonica*	⑤	
菅	*T. villosa*	⑤	
小麦	*Triticum aestivum*	⑤	*
玉蜀黍	*Zea mays*	⑤	*
菰	*Zizania latifolia*	⑥	*■
101 莎草科（Cyperaceae）			
丝叶球柱草	*Bulbostylis densa*	⑤	
栗褐薹草	*Carex brunnea*	⑤	
十字薹草	*Carex cruciata*	⑤	
芒尖薹草	*C. doniana*	⑤	
小鳞薹草	*C. gentilis*	⑤	
湖北薹草	*C. hemryi*	⑤	
长梗薹草	*C. glossostigma*	⑤	
舌叶薹草	*C. ligulata*	⑤	
风车草	*Cyperus alternifolius*	⑥	▲
扁穗莎草	*C. compressus*	⑥	
异型莎草	*C. difformis*	⑥	
褐穗莎草	*C. fuscus*	⑥	
碎米莎草	*C. iria*	⑥	
具芒碎米莎草	*C. microiria*	⑥	
香附子	*C. rotundus*	⑥	◆
紫果蔺	*Eleocharis atropurpurea*	⑥	
牛毛毡	*E. yokoscensis*	⑥	
丛毛羊胡子草	*Eriophorum comosum*	⑤	●
夏飘拂草	*Fimbristylis aestivalis*	⑥	
水虱草	*F. miliacea*	⑥	
水蜈蚣	*Kyllinga brevifolia*	⑥	

续表

中文名	拉丁名	生活型	资源植物类型
砖子苗	*Mariscus umbellatus*	⑤	
红鳞扁莎	*Pycreus sanguinolentus*	⑥	
蔗草	*Scirpus triqueter*	⑥	
木贼状荸荠	*Heleocharis equisetina*	⑥	
荸荠	*Eleocharis dulcis*	⑥	
萤蔺	*Scirpus juncoides*	⑥	
水葱	*S. validus*	⑥	
102　棕榈科（Palmae）			
棕榈	*Trachycarpus fortunei*	①	▲ ●
矮棕竹	*Rhapis humilis*	③	▲
103　天南星科（Araceae）			
菖蒲	*Acorus calamus*	⑥	◆
石菖蒲	*A. tatarinowi*	⑥	◆
金钱蒲	*A. gramineus*		
棒头南星	*Arisaema clavatum*	⑤	
芋	*Colocasia esculenta*	⑤	* ■
大野芋	*C. gigantea*	⑤	* ▲
紫芋	*C. tonoimo*	⑤	* ● ▲
虎掌	*Pinellia pedatisecta*	⑤	
半夏	*P. ternata*	⑤	◆
大薸	*Pistia stratiotes*	⑥	
石柑子	*Pothos chinensis*	⑤	
犁头尖	*Typhonium divaricatum*	⑤	◆
104　香蒲科（Typhaceae）			
长苞香蒲	*Typha domingensis*	⑥	▲
105　浮萍科（Lemnaceae）			
浮萍	*Lemna minor*	⑥	
紫萍	*Spirodela polyrrhiza*	⑥	
四川紫萍	*Spirodela sichuanensis*	⑥	
芜萍	*Wolffia arrhiza*	⑥	
106　小二仙草科（Haloragaceae）			
穗状狐尾藻	*Myriophyllum spicatum*	⑥	
107　谷精草科（Eriocaulaceae）			
谷精草	*Eriocaulon buergerianum*	⑥	◆
白药谷精草	*E. cinereum*	⑥	

续表

中文名	拉丁名	生活型	资源植物类型
108 鸭跖草科（Commelinaceae）			
饭包草	*Commelina bengalensis*	⑤	◆
鸭跖草	*C. communis*		◆
水竹叶	*Murdannia triquetra*		◆
杜若	*Pollia japonica*		
109 雨久花科（Pontederiaceae）			
凤眼蓝	*Eichhornia crassipes*	⑥	▲
鸭舌草	*Monochoria vaginalis*	⑥	▲
110 灯心草科（Juncaceae）			
翅茎灯心草	*Juncus alatus*	⑥	
小灯心草	*J. bufonius*	⑥	
野灯心草	*J. setchuensis*	⑥	◆
灯心草	*J. effusus*	⑥	
羽毛地杨梅	*Luzula plumosa*	⑤	
多花地杨梅	*L. multiflora*	⑤	
111 百合科（Liliaceae）			
薤头	*Allium chinense*	⑤	*
葱	*A. fistulosum*	⑤	*◆
韭菜	*A. tuberosum*	⑤	*
天门冬	*Asparagus cochinchinensis*	⑤	*◆
吊兰	*Chlorophytum comosum*	⑤	*▲
黄花菜	*Hemerocallis citrine*	⑤	*■▲
萱草	*H. fulva*	⑤	◆■▲
玉簪	*Hosta plantaginea*	⑤	*▲
禾叶山麦冬	*Liriope graminifolia*	⑤	
沿阶草	*Ophiopogon bodinieri*	⑤	*▲◆
吉祥草	*Reineckea carnea*	⑤	*▲
菝葜	*Smilax china*	④	
土茯苓	*S. glabra*	③	■
112 石蒜科（Amaryllidaceae）			
大叶仙茅	*Curculigo capitulata*	⑤	▲
小金梅草	*Hypoxis aurea*	⑤	

续表

中文名	拉丁名	生活型	资源植物类型
113 薯蓣科（Dioscoreaceae）			
参薯	*Dioscorea alata*	⑤	*
黄独	*D. bulbifera*	⑤	◆
野山药	*D. nipponica*	⑤	■
114 鸢尾科（Iridaceae）			
蝴蝶花	*Iris japonica*	⑤	▲
黄菖蒲	*I. pseudacorus*		
115 芭蕉科（Musaceae）			
芭蕉	*Musa basjoo*	⑤	▲
116 姜科（Zingiberaceae）			
山姜	*Alpinia japonica*	⑥	▲
箭杆风	*A. 'jianganfeng'*	⑥	▲
姜	*Zingiber officinale*	⑥	*
117 美人蕉科（Cannaceae）			
蕉芋	*Canna edulis*	⑤	*
大花美人蕉	*C. generalis*	⑤	*
美人蕉	*C. indica*	⑥	*
水生美人蕉	*C. glauca*	⑥	
118 兰科（Orchidaceae）			
建兰	*Cymbidium ensifolium*	⑤	
春兰	*C. goeringii*	⑤	*
绶草	*Spiranthes goeringii*	⑥	

注：本植物名录蕨类植物按秦仁昌系统编排，裸子植物按《中国植物志》第七卷顺序编排，被子植物按哈钦松系统编排。*代表栽培植物，■代表野生食用植物，◆代表药用植物，▲代表观赏植物，●代表工业用植物。①为常绿乔木，②为落叶乔木，③为常绿灌木，④为落叶灌木（含木质藤本），⑤为草本植物（含草质藤本），⑥为水生植物。

189

附录 2 澎溪河湿地自然保护区鸟类名录

序号	拉丁名	中文名	区系	保护等级	IUCN	居留型	生态类群
鸡形目（Galliformes） 雉科（Phasianidae）							
1	*Coturnix japonica*	鹌鹑	广		NT	R	陆
2	*Bambusicola thoracicus*	灰胸竹鸡	东		LC	R	陆
3	*Phasianus colchicus*	雉鸡	广		LC	R	陆
4	*Chrysolophus pictus*	红腹锦鸡	东	II	LC	R	陆
雁形目（Anseriformes） 鸭科（Anatidae）							
5	*Anser serrirostris*	短嘴豆雁	古				游
6	*Cygnus columbianus*	小天鹅	古	II	LC	W	游
7	*Tadorna ferruginea*	赤麻鸭	古		LC	W	游
8	*Aix galericulata*	鸳鸯	古	II	LC	W	游
9	*Anas strepera*	赤膀鸭	古		LC	W	游
10	*Anas falcata*	罗纹鸭	古		NT	W	游
11	*Anas penelope*	赤颈鸭	古		LC	W	游
12	*Anas platyrhynchos*	绿头鸭	古		LC	W	游
13	*Anas zonorhyncha*	斑嘴鸭	古		LC	R&W	游
14	*Anas clypeata*	琵嘴鸭	古		LC	W	游
15	*Anas acuta*	针尾鸭	古		LC	W	游
16	*Anas querquedula*	白眉鸭	古		LC	W	游
17	*Anas formosa*	花脸鸭	古	II	LC	W	游
18	*Anas crecca*	绿翅鸭	古		LC	W	游
19	*Aythya baeri*	青头潜鸭	古		LC	W	游
20	*Aythya ferina*	红头潜鸭	古		LC	W	游
21	*Aythya nyroca*	白眼潜鸭	广		NT	W	游
22	*Aythya fuligula*	凤头潜鸭	古		LC	W	游
23	*Aythya marila*	斑背潜鸭	古		LC	W	游
24	*Bucephala clangula*	鹊鸭	古		LC	W	游
25	*Mergus merganser*	普通秋沙鸭	古		LC	W	游

续表

序号	拉丁名	中文名	区系	保护等级	IUCN	居留型	生态类群
鹏䴙目（Podicipediformes）　鹏䴙科（Podicipedidae）							
26	*Tachybaptus ruficollis*	小䴙䴘	东		LC	R&W	游
27	*Podiceps cristatus*	凤头䴙䴘	古		LC	W	游
28	*Podiceps nigricollis*	黑颈䴙䴘	古		LC	W	游
鹈形目（Pelecaniformes）　鹮科（Threskiornithidae）							
29	*Platalea leucorodia*	白琵鹭	古	Ⅱ	LC	W	涉
鹈形目（Pelecaniformes）　鹭科（Ardeidae）							
30	*Botaurus stellaris*	大麻鳽	古		LC	W	涉
31	*Ixobrychus sinensis*	黄苇鳽	东		LC	S	涉
32	*Ixobrychus cinnamomeus*	栗苇鳽	东		LC	S	涉
33	*Nycticorax nycticorax*	夜鹭	广		LC	R	涉
34	*Ardeola bacchus*	池鹭	东		LC	S	涉
35	*Bubulcus coromandus*	牛背鹭	东		NE	S	涉
36	*Ardea cinerea*	苍鹭	古		LC	R&W	涉
37	*Ardea purpurea*	草鹭			LC	S	涉
38	*Ardea alba*	大白鹭	东		LC	R&W	涉
39	*Egretta intermedia*	中白鹭	东		LC	V	涉
40	*Egretta garzetta*	白鹭	东		LC	R	涉
鲣鸟目（Suliformes）　鸬鹚科（Phalacrocoracidae）							
41	*Phalacrocorax carbo*	普通鸬鹚	广		LC	W	游
隼形目（Falconiformes）　鹗科（Pandionidae）							
42	*Pandion haliaetus*	鹗	古	Ⅱ	LC	V	猛
隼形目（Falconiformes）　鹰科（Accipitridae）							
43	*Pernis ptilorhynchus*	凤头蜂鹰	东	Ⅱ	LC	S	猛
44	*Hieraaetus fasciatus*	白腹隼雕	东	Ⅱ	LC	R&W	猛
45	*Accipiter soloensis*	赤腹鹰	东	Ⅱ	LC	S	猛
46	*Accipiter virgatus*	松雀鹰	东	Ⅱ	LC	S	猛
47	*Accipiter nisus*	雀鹰	古	Ⅱ	LC	W	猛
48	*Accipiter gentilis*	苍鹰	古	Ⅱ	LC	S	猛
49	*Milvus migrans*	黑鸢	古	Ⅱ	LC	R	猛
50	*Butastur indicus*	灰脸鵟鹰	古	Ⅱ	LC	V	猛
51	*Buteo buteo*	普通鵟	古	Ⅱ	NE	W	猛

续表

序号	拉丁名	中文名	区系	保护等级	IUCN	居留型	生态类群
隼形目（Falconiformes） 隼科（Falconidae）							
52	*Falco tinnunculus*	红隼	广	Ⅱ	LC	W	猛
53	*Falco amurensis*	红脚隼	古	Ⅱ	LC	V	猛
54	*Falco subbuteo*	燕隼	古	Ⅱ	LC	S	猛
鹤形目（Gruiformes） 秧鸡科（Rallidae）							
55	*Gallirallus striatus*	蓝胸秧鸡	东		LC	S	涉
56	*Rallus indicus*	普通秧鸡	古		NE	S	涉
57	*Amaurornis phoenicurus*	白胸苦恶鸟	东		LC	S	涉
58	*Porzana fusca*	红胸田鸡	东		LC	S	涉
59	*Gallicrex cinerea*	董鸡	东		LC	S	涉
60	*Gallinula chloropus*	黑水鸡	东		LC	R&W	涉
61	*Fulica atra*	白骨顶	广		LC	W	涉
62	*Himantopus himantopus*	黑翅长脚鹬	广		LC	V	涉
鸻形目（Charadriiformes） 鸻科（Charadriidae）							
63	*Vanellus vanellus*	凤头麦鸡	古		LC	W	涉
64	*Vanellus cinereus*	灰头麦鸡	古		LC	V	涉
65	*Pluvialis fulva*	金[斑]鸻	古		LC	V	涉
66	*Charadrius placidus*	长嘴剑鸻	古		LC	R	涉
67	*Charadrius dubius*	金眶鸻	广		LC	R	涉
68	*Charadrius alexandrinus*	环颈鸻	广		LC	R	涉
69	*Charadrius mongolus*	蒙古沙鸻	广		LC	V	涉
70	*Charadrius leschenaultii*	铁嘴沙鸻	广		LC	V	涉
鸻形目（Charadriiformes） 彩鹬科（Rostratulidae）							
71	*Rostratula benghalensis*	彩鹬	东		LC	R	涉
鸻形目（Charadriiformes） 丘鹬科（Scolopacidae）							
72	*Scolopax rusticola*	丘鹬	古		LC	V	涉
73	*Gallinago gallinago*	扇尾沙锥	古		LC	R	涉
74	*Tringa totanus*	红脚鹬	古		LC	V	涉
75	*Tringa nebularia*	青脚鹬	古		LC	W	涉
76	*Tringa ochropus*	白腰草鹬	古		LC	R	涉
77	*Tringa glareola*	林鹬	古		LC	S	涉
78	*Actitis hypoleucos*	矶鹬	古		LC	R	涉

续表

序号	拉丁名	中文名	区系	保护等级	IUCN	居留型	生态类群
鸻形目（Charadriiformes）　燕鸻科（Glareolidae）							
79	*Glareola maldivarum*	普通燕鸻	古		LC	V	涉
鸻形目（Charadriiformes）　鸥科（Laridae）							
80	*Chroicocephalus ridibundus*	红嘴鸥	古			W	
81	*Sterna hirundo*	普通燕鸥	古			S	
82	*Larus canus*	海鸥	古			W	
鸽形目（Columbiformes）　鸠鸽科（Columbidae）							
83	*Streptopelia orientalis*	山斑鸠	古		LC	R	陆
84	*Streptopelia tranquebarica*	火斑鸠	东		LC	R	陆
85	*Spilopelia chinensis*	珠颈斑鸠	东		LC	R	陆
鹃形目（Cuculiformes）　杜鹃科（Cuculidae）							
86	*Eudynamys scolopaceus*	噪鹃	东		LC	S	攀
87	*Surniculus dicruroides*	乌鹃	东		NE	S	攀
88	*Hierococcyx sparverioides*	鹰鹃	东		LC	S	攀
89	*Cuculus poliocephalus*	小杜鹃	东		LC	S	攀
90	*Cuculus micropterus*	四声杜鹃	东		LC	S	攀
91	*Cuculus saturatus*	中杜鹃	古		LC	S	攀
92	*Cuculus canorus*	大杜鹃	广		LC	S	攀
鸮形目（Strigiformes）　鸱鸮科（Strigidae）							
93	*Glaucidium cuculoides*	斑头鸺鹠	东	Ⅱ	LC	R	猛
夜鹰目（Caprimulgiformes）　夜鹰科（Caprimulgidae）							
94	*Caprimulgus jotaka*	普通夜鹰	东		NE	S	攀
雨燕目（Apodiformes）　雨燕科（Apodidae）							
95	*Hirundapus caudacutus*	白喉针尾雨燕	东		LC	R	攀
佛法僧目（Coraciiformes）　佛法僧科（Coraciidae）							
96	*Eurystomus orientalis*	三宝鸟	东		LC	S	攀
佛法僧目（Coraciiformes）　翠鸟科（Alcedinidae）							
97	*Halcyon pileata*	蓝翡翠	东		LC	S	攀
98	*Alcedo atthis*	普通翠鸟	广		LC	R	攀
99	*Megaceryle lugubris*	冠鱼狗	广		LC	R	攀
犀鸟目（Bucerotiformes）　戴胜科（Upupidae）							
100	*Upupa epops*	戴胜	广		LC	R	攀

续表

序号	拉丁名	中文名	区系	保护等级	IUCN	居留型	生态类群
鴷形目（Piciformes） 啄木鸟科（Picidae）							
101	*Picumnus innominatus*	斑姬啄木鸟	东		LC	R	攀
雀形目（Passeriformes） 鹃鵙科（Campephagidae）							
102	*Coracina melaschistos*	暗灰鹃鵙	东		LC	S	鸣
103	*Pericrocotus cantonensis*	小灰山椒鸟	东		LC	R	鸣
雀形目（Passeriformes） 伯劳科（Laniidae）							
104	*Lanius tigrinus*	虎纹伯劳	古		LC	S	鸣
105	*Lanius cristatus*	红尾伯劳	古		LC	S	鸣
106	*Lanius schach*	棕背伯劳	东		LC	R	鸣
107	*Lanius tephronotus*	灰背伯劳	东		LC	S	鸣
雀形目（Passeriformes） 黄鹂科（Oriolidae）							
108	*Oriolus chinensis*	黑枕黄鹂	东		LC	S	鸣
雀形目（Passeriformes） 卷尾科（Dicruridae）		东					
109	*Dicrurus macrocercus*	黑卷尾	东		LC	S	鸣
110	*Dicrurus leucophaeus*	灰卷尾	东		LC	S	鸣
雀形目（Passeriformes） 王鹟科（Monarchidae）							
111	*Terpsiphone paradisi*	寿带	东		LC	S	鸣
雀形目（Passeriformes） 鸦科（Corvidae）							
112	*Garrulus glandarius*	松鸦	古		LC	R	鸣
113	*Urocissa erythroryncha*	红嘴蓝鹊	东		LC	R	鸣
114	*Pica pica*	喜鹊	古		LC	R	鸣
雀形目（Passeriformes） 山雀科（Paridae）							
115	*Pardaliparus venustulus*	黄腹山雀	东		LC	R	鸣
116	*Parus minor*	远东山雀	广		NE	R	鸣
117	*Parus monticolus*	绿背山雀	东		LC	R	鸣
雀形目（Passeriformes） 鹎科（Pycnonotidae）							
118	*Spizixos semitorques*	领雀嘴鹎	东		LC	R	鸣
119	*Pycnonotus xanthorrhous*	黄臀鹎	东		LC	R	鸣
120	*Pycnonotus sinensis*	白头鹎	东		LC	R	鸣
121	*Ixos mcclellandii*	绿翅短脚鹎	东		LC	R	鸣
雀形目（Passeriformes） 燕科（Hirundinidae）							
122	*Riparia diluta*	淡色沙燕	古		NE	R	鸣
123	*Hirundo rustica*	家燕	古		LC	S	鸣
124	*Cecropis daurica*	金腰燕	古		LC	S	鸣

续表

序号	拉丁名	中文名	区系	保护等级	IUCN	居留型	生态类群
雀形目（Passeriformes）树莺科（Cettiidae）							
125	*Seicercus albogularis*	棕脸鹟莺	东		LC	R	鸣
126	*Horornis fortipes*	强脚树莺	东		LC	R	鸣
雀形目（Passeriformes）长尾山雀科（Aegithalidae）							
127	*Aegithalos concinnus*	红头长尾山雀	东		LC	R	鸣
雀形目（Passeriformes）柳莺科（Phylloscopidae）							
128	*Phylloscopus proregulus*	黄腰柳莺	古		LC	W	鸣
129	*Phylloscopus inornatus*	黄眉柳莺	古		LC	V	鸣
130	*Phylloscopus magnirostris*	乌嘴柳莺	东		LC	S	鸣
131	*Phylloscopus claudiae*	冠纹柳莺	东		LC	S	鸣
132	*Phylloscopus forresti*	四川柳莺	东		LC	S	鸣
133	*Seicercus valentini*	比氏鹟莺	东		LC	S	鸣
134	*Seicercus castaniceps*	栗头鹟莺	东		LC	S	鸣
雀形目（Passeriformes）苇莺科（Acrocephalidae）							
135	*Acrocephalus orientalis*	东方大苇莺	广		NE	S	鸣
雀形目（Passeriformes）扇尾莺科（Cisticolidae）							
136	*Cisticola juncidis*	棕扇尾莺	广		LC	R	鸣
137	*Prinia crinigera*	山鹪莺	东		LC	R	鸣
138	*Prinia inornata*	纯色山鹪莺	东		LC	R	鸣
雀形目（Passeriformes）画眉科（Timaliidae）							
139	*Pomatorhinus ruficollis*	棕颈钩嘴鹛	东		LC	R	鸣
140	*Stachyridopsis ruficeps*	红头穗鹛	东		LC	R	鸣
雀形目（Passeriformes）幽鹛科（Pellorneidae）							
141	*Alcippe davidi*	灰眶雀鹛	东		NE	R	鸣
雀形目（Passeriformes）噪鹛科（Leiothrichidae）							
142	*Babax lanceolatus*	矛纹草鹛	东		LC	R	鸣
143	*Garrulax canorus*	画眉	东	II	LC	R	鸣
144	*Garrulax lunulatus*	斑背噪鹛	东	II	LC	R	鸣
145	*Garrulax perspicillatus*	黑脸噪鹛	东		LC	R	鸣
146	*Garrulax sannio*	白颊噪鹛	东		LC	R	鸣
147	*Leiothrix lutea*	红嘴相思鸟	东	II	LC	R	鸣
雀形目（Passeriformes）莺鹛科（Sylviidae）							
148	*Sinosuthora webbiana*	棕头鸦雀	东		LC	R	鸣

序号	拉丁名	中文名	区系	保护等级	IUCN	居留型	生态类群
雀形目（Passeriformes） 绣眼鸟科（Zosteropidae）							
149	*Yuhina diademata*	白领凤鹛	东		LC	R	鸣
150	*Yuhina nigrimenta*	黑额凤鹛	东		LC	R	鸣
151	*Zosterops japonicus*	暗绿绣眼鸟	东		LC	S	鸣
雀形目（Passeriformes） 旋壁雀科（Tichodromidae）							
152	*Tichodroma muraria*	红翅旋壁雀	广		LC	W	鸣
雀形目（Passeriformes） 椋鸟科（Sturnidae）							
153	*Acridotheres cristatellus*	八哥	东		LC	R	鸣
154	*Spodiopsar sericeus*	丝光椋鸟	东		LC	R	鸣
155	*Spodiopsar cineraceus*	灰椋鸟	古		LC	W	鸣
雀形目（Passeriformes） 鸫科（Turdidae）							
156	*Zoothera dauma*	虎斑地鸫	古		NE	V	鸣
157	*Turdus merula*	乌鸫	广		LC	R	鸣
158	*Turdus ruficollis*	赤颈鸫	广		LC	W	鸣
159	*Turdus naumanni*	红尾鸫	广		LC	W	鸣
160	*Turdus eunomus*	斑鸫	古		NE	W	鸣
161	*Turdus mupinensis*	宝兴歌鸫	东		LC	R	鸣
雀形目（Passeriformes） 鹟科（Muscicapidae）							
162	*Luscinia svecica*	蓝喉歌鸲	古		LC	V	鸣
163	*Tarsiger cyanurus*	红胁蓝尾鸲	古		LC	W	鸣
164	*Copsychus saularis*	鹊鸲	东		LC	R	鸣
165	*Phoenicurus hodgsoni*	黑喉红尾鸲	东		LC	W	鸣
166	*Phoenicurus auroreus*	北红尾鸲	古		LC	W	鸣
167	*Phoenicurus frontalis*	蓝额红尾鸲	东		LC	W	鸣
168	*Rhyacornis fuliginosa*	红尾水鸲	东		LC	R	鸣
169	*Chaimarrornis leucocephalus*	白顶溪鸲	东		LC	R	鸣
170	*Myophonus caeruleus*	紫啸鸫	东		LC	R	鸣
171	*Enicurus leschenaulti*	白冠燕尾	东		LC	R	鸣
172	*Saxicola torquata*	黑喉石䳭	广		NE	S	鸣
173	*Saxicola ferreus*	灰林䳭	东		LC	R	鸣
174	*Oenanthe isabellina*	沙䳭	东		LC	S	鸣
175	*Monticola solitarius*	蓝矶鸫	东		LC	R	鸣
176	*Ficedula zanthopygia*	白眉［姬］鹟	古		LC	S	鸣

续表

序号	拉丁名	中文名	区系	保护等级	IUCN	居留型	生态类群
雀形目（Passeriformes）　太阳鸟科（Nectariniidae）							
177	*Aethopyga christinae*	叉尾太阳鸟	东		LC	R	鸣
雀形目（Passeriformes）　雀科（Passeridae）							
178	*Passer rutilans*	山麻雀	东		LC	R	鸣
179	*Passer montanus*	[树]麻雀	古		LC	R	鸣
雀形目（Passeriformes）　梅花雀科（Estrildidae）							
180	*Lonchura striata*	白腰文鸟	东		LC	R	鸣
181	*Lonchura punctulata*	斑文鸟	东		LC	R	鸣
雀形目（Passeriformes）　鹡鸰科（Motacillidae）							
182	*Motacilla tschutschensis*	黄鹡鸰	古		NE	V	鸣
183	*Motacilla citreola*	黄头鹡鸰	古		LC	V	鸣
184	*Motacilla cinerea*	灰鹡鸰	广		LC	W	鸣
185	*Motacilla alba*	白鹡鸰	广		LC	R	鸣
186	*Anthus hodgsoni*	树鹨	古		LC	R	鸣
187	*Anthus roseatus*	粉红胸鹨	古		LC	S	鸣
188	*Anthus rubescens*	黄腹鹨	古		LC	W	鸣
189	*Anthus spinoletta*	水鹨	古		LC	W	鸣
雀形目（Passeriformes）　燕雀科（Fringillidae）							
190	*Fringilla montifringilla*	燕雀	古		LC	W	鸣
191	*Eophona migratoria*	黑尾蜡嘴雀	古		LC	R	鸣
192	*Chloris sinica*	金翅雀	古		LC	R	鸣
雀形目（Passeriformes）　鹀科（Emberizidae）							
193	*Emberiza cioides*	三道眉草鹀	古		LC	R	鸣
194	*Emberiza pusilla*	小鹀	古		LC	W	鸣
195	*Emberiza elegans*	黄喉鹀	古		LC	R	鸣
196	*Emberiza spodocephala*	灰头鹀	古		LC	W	鸣

① R-留鸟；S-夏候鸟；W-冬候鸟；V-旅鸟。

② 广-广布种；古-古北界种；东-东洋界种。

③ Ⅱ-国家二级重点保护野生动物。

④ CR-极度濒危鸟类；NT-近危鸟类；LC-无危；NE-未评估。

⑤ 生态类群：攀-攀禽；游-游禽；涉-涉禽；猛-猛禽；陆-陆禽；鸣-鸣禽。

附录3 《水库消落带湿地农业技术规程》（摘录）

前　言

　　三峡水库"蓄清排浊"的运行方案，在三峡水库海拔145m到175m之处形成了落差30m的消落带，总面积达348.93km^2。消落带面临着生态保护与土地资源合理利用两大问题。经过多年的消落带资源调查、植物筛选及其消落带湿地农业技术的研究与示范，证实基塘湿地农业、林泽湿地农业及多功能浮床湿地农业是适合三峡水库消落带水位变动特殊环境的湿地农业模式。无论是消落带基塘湿地农业、林泽湿地农业，还是多功能浮床湿地农业，都力图按照生态学原理对消落带湿地生态系统进行设计，在改善消落带生境条件的同时，充分发挥消落带湿地农业的污染净化、植被碳汇、景观美化和生物多样性培育等生态服务功能。为了引导、促进和规范消落带湿地农业的推广与建设，特制定《水库消落带湿地农业技术规程》（简称《规程》）。《规程》集成消落带基塘系统、林泽系统、多功能浮床系统等生态工程模式，可推广应用于三峡水库消落带及其他水库消落带的生态保护与湿地资源可持续利用。

主　体　内　容

一、主要内容与适用范围

　　《规程》规定了消落带湿地农业建设的基本原则、方法与要求。《规程》

适用于指导水库消落带区域的湿地农业利用。

二、相关术语

（一）消落带湿地农业

湿地农业是通过培育湿地动植物产品，为人类提供生产食品及生产原料的一种农业形态。消落带湿地农业是指利用消落带湿地而兴起的一种农业生产模式。

（二）生态工程

生态工程应用生态系统中物质循环再生原理，结合系统工程的最优化方法设计的分层多级利用物质的生产工艺系统，将生物群落内不同物种共生、物质与能量多级利用、环境净化和物质循环再生等原理与系统工程的优化方法相结合，达到资源多层次和循环利用的目的。

（三）近自然管理

对虫害及植物病害的防治以生物手段和物理手段为主，严格控制化学农药和化肥的使用。

三、总则

（1）三峡水库运行所形成的消落带面临着库岸稳定性差、水质污染、景观质量下降等诸多环境问题，但在消落带出露的夏季，正值水热同期的植物生长季节，消落带植物所蓄积的碳和有机物质如果能加以有效利用，就是宝贵的资源。因此就要求我们转变观念，抓住这一生态机遇，以积极的态度对消落带湿地进行生态友好型利用。

（2）《规程》所提出的消落带湿地农业旨在对消落带湿地资源进行合理利用的同时，发挥其环境净化功能、生物多样性保护及培育、湿地碳汇及景观美化功能。

（3）消落带湿地资源利用过程中，应采取近自然管理模式，减少农业面源污染物质进入水库影响水质，从而保障三峡水库水环境安全。

（4）消落带湿地农业必须与库区周边农民生计相结合，在实现对水库消落带湿地保护的前提下，带动周边农民增收致富。

（5）消落带湿地农业必须尊重消落带局部地形地貌，因地制宜，避免大面积土方工程导致的水土流失。

（6）消落带湿地农业利用必须与三峡水库防洪管理条例相符，不得构筑影响三峡水库防洪管理的构筑物。

（7）消落带湿地农业利用必须考虑生物安全，防止外来物种入侵。

（8）消落带湿地农业利用必须符合国家的法律法规与相关的规范标准，实现生态效益、社会效益和经济效益的协调统一。

四、规范编制依据

《中华人民共和国农业法》；

《中华人民共和国土地管理法》；

《中华人民共和国环境保护法》；

《中华人民共和国水污染防治法》；

《中华人民共和国农业技术推广法》；

《中华人民共和国森林法》；

《中华人民共和国野生动物保护法》；

《中华人民共和国水土保持法》；

《中华人民共和国河道管理条例》；

《中华人民共和国河道管理条例》；

《中华人民共和国水土保持法实施条例》；

《中华人民共和国水生野生动物保护实施条例》；

《三峡水库调度和库区水资源与河道管理办法》。

五、规范编制原则

（一）整体性原则

消落带湿地农业生态系统是一个和谐的整体，各组分之间应当有适当的比例和明显的功能分工与协调。消落带湿地农业的一个重要任务就是通过整体结构实现系统的高效功能。设计中应将消落带看作一个整体，在分区、分段设计以满足不同功能需求的基础上，注意不同结构及功能单元之间的互补，形成一个结构和功能的整体单元。

（二）自然性原则

遵循"自然是母，时间为父"的原则。自然界是最好的模板，是消落带湿地农业学习的对象；同时关注生态系统随时间的演替、变化。不断向自然界学习，掌握消落带水位变动对消落带生态系统的影响规律和特点，并以此为基础进行设计。始终坚持生态系统自我设计和人工设计相结合的方式。

（三）功能性原则

重形态，重结构，更重功能。消落带湿地农业的形态结构是为功能服务的，生态功能需要通过科学的结构设计来表达。消落带湿地农业的设计需要兼顾库岸稳定、防洪安全、水土流失治理、面源污染防治、生物多样性保育等多功能需求。

（四）适应性原则

根据消落带水位变动规律，结合地形地貌条件进行适应性设计。尤其是在植物物种的选择及空间配置上，更要注意水位变动对其成活率及生长状况的影响，选择具有良好耐淹性能的植物物种。

（五）可持续性原则

三峡水库消落带湿地作为库岸环境的一部分，具有其他生态系统不可替代的生态功能。消落带湿地资源利用应通过合理的结构设计和有效的工程措施，保障植物群落结构和生态服务功能的稳定性，并使其永久可持续。

六、湿地农业模式

（一）消落带基塘湿地农业

消落带基塘湿地农业是在缓平的消落带土质库岸上挖塘，结合自然地形条件，挖泥成塘，堆泥成基，挖成大小、深浅、形状不一的基塘系统；如果原有坡面上是水田，则可因势利导，利用水田，适当深挖和土埂分隔。施工过程中尽量保护基塘原有形态和原有生态系统，使其不被破坏。主要建设措施包括以下几点。

首先是对基塘进行翻耕，应安排在农田杂草刚刚开始发芽的4月上旬进行。通过翻耕，可以有效控制杂草生长，同时还能为水生经济作物的生长营造松软的土壤环境。

其次是对塘基进行加固。经过长时间冬季淹水浸泡，一些塘基会变得松软甚至垮塌，因此在基塘建设过程中需要对原有塘基进行加固。为了避免破坏基塘原有的生态系统结构，建设过程中以基塘内泥土作为原材料，不建造任何硬化的构筑物。

最后是设计基塘出水口高度。缺口是塘基上最低的一个点，它决定着基塘内的最大水深，缺口可以防止塘基受深水压力而垮塌，另一方面它为生长在基塘内的水生植物提供了适宜的水深。地表径流通过缺口逐级流经基塘系统，从而使水源得到充分利用，同时也促进了对氮、磷等营养物质的充分吸收，减轻库区农业面源污染。

1. 水力设计

基塘湿地农业采用阶梯式设计，形成沿消落带高程分布的基塘系统，将消落带上部基塘系统的高位基塘建设为暴雨储留湿地，用来蓄积地表径流，可有效应对消落带出露季节可能出现的持续干旱天气。需要对基塘系统中的高位基塘开挖加深，使水深超过1m，挖掘出来的底泥可堆在塘基之上，这样可减少开挖成本。在储留湿地中种植莲藕、菱角等植物能够减少水面蒸发。如果所有基塘蓄满水，基塘系统可在炎热的七月抵挡住长达20天的持续干旱。另外，基塘两侧应预留暴雨期间雨水排泄的排洪沟，使塘基免于破坏。

2. 植物筛选及种植设计

三峡水库消落带作为一个天然的植物资源库，从蓄水淹没至今，已通过自然选择筛选出了许多适合在消落带生长的本土植物。筛选菱角、莲藕（包括太空飞天品种、本地品种）、慈姑、荸荠、茭、水芹、水生美人蕉、黄花鸢尾、菖蒲湿地经济植物种类，它们能够经受季节性水位变动和冬季水淹，具有良好的抗逆性，适应能力强，产量较高。

在分析各基塘淹没时间、可维持的水深，以及土壤物理性质等条件的基础上，结合候选植物生长特性，包括生长时间、喜好的土壤类型等进行植物种植设计。通常，菱角需要深水和较多的底泥，慈姑适合生长在浅水和软烂底泥中，旱柳主要种植在坡地上，桑树则可种植在消落带上部高程较高处基塘系统的塘基上，既可稳固塘基，防止水土流失，也可为鸟类提供栖息生境。

3. 管理模式

为避免对三峡水库水环境造成不良影响，建议采取近自然管理模式对基塘系统进行管理。即利用消落带沉积物和地表径流带来的物质为基塘内的植物生长提供营养；植物病虫害则通过生物和物理防治方法进行治理；在生长季节，通过人工拔除方式适当清除杂草，杂草清除主要在5月，因为5月份水生经济作物已经生根，杂草比较容易拔除。禁止施用农药、化肥。通过这种少人工干扰、少环境伤害的管理手段为基塘工程区域内的动植物提供更加安全的生境。

（二）消落带林泽湿地农业

1. 种源筛选

林泽湿地农业对试验树种的筛选应当综合考虑以下因素。

（1）具备良好的耐淹性能。三峡水库消落带周期性长时间的深水淹没是林泽工程树种选择的首要限制性因子，因此所筛选的工程树种必须具备良好的耐淹性能。

（2）树种选择。针对冬季水淹条件，所选用树种应主要为落叶乔木和灌木树种，冬季处于休眠期，以适应冬季水淹条件下的逆境影响。

（3）幼年种苗。针对树种栽种后的成活率，所选树种最好为3～5年树龄的幼苗。

通过多年实地研究，筛选出适合在三峡水库消落带种植的耐水淹乔木和耐水淹灌木。耐水淹乔木包括落羽杉（*Taxodium distichum*）、池杉（*Taxodium ascendens*）、中山杉（*Taxodium 'zhongshansha'*）、水松（*Glyptostrobus* pensilis）、旱柳（*Salix matsudana*）、垂柳（*Salix babylonica*）、竹柳（*Salix 'zhuliu'*）、乌桕（*Sapium sebiferum*）等；耐水淹灌木包括秋华柳（*Salix variegata*）、中华蚊母树（*Distylium chinense*）、中华枸杞（*Lycium chinense*）、桑树（*Morus alba*）、长叶水麻（*Debregeasia longifolia*）等。

2. 种植设计

消落带林泽湿地植物种植应充分考虑水淹深度和地形对植物生长的影响，在此基础之上通过合理配置，实现其生态功能。根据三峡水库消落带水位变动特征，宜在海拔165～175m消落带范围内实施乔灌树种相结合的林泽农业。乔木树种宜种植在海拔170～175m的平缓消落带区域，部分极耐水淹乔木可种植在海拔165m甚至更低海拔范围内；耐水淹灌木的种植海拔不宜太低（如低于海拔160m以下），既可种植于乔木树种下形成立体复合林泽，也可成片或成团地块状种于土质贫瘠的陡坡地带。

种植高大耐水淹乔木树种，冬季蓄水期其树梢挺出水面，能够为越冬水鸟提供停栖场所；在夏季退水后除了为鸟类提供栖息生境外，还能起到优化美化景观作用。种植耐水淹灌丛可为夏季繁殖水鸟及本地陆鸟觅食、筑巢、躲避天敌等提供多样的生境。同时，由消落带原生境草本植物群落、林泽灌丛和林泽乔木带形成的缓冲系统能通过植物吸收、微生物降解等方式对水库周边面源污染起到有效的过滤和防护作用。

3. 管理方法

林泽湿地农业的主要实施区域为消落带内的缓坡地带，为了保障初期苗木的正常生长，应对树种附近的杠板归等缠绕性杂草予以清理。清理手段以人工拔除为主，禁止大面积人工锄草和喷洒农药等破坏生态系统的方式。

（三）多功能浮床湿地农业

多功能浮床湿地农业是指针对消落带特殊的生态环境问题，根据其水位变动的特点，构建浮床以实现其净化水质、生物生境再造、生物产品生产等多重功能。

1. 浮床设计原则

浮床选材和结构组合需能抵抗风浪、水流的冲击；正确选择浮床材质，保证浮床能历经多年而不会腐烂，能重复使用；考虑地形、水质条件，选择成活率高、去除污染效果好的观赏性植物或经济性湿地作物。设计过程中要考虑施工、运行、维护的便利性。

2. 浮床组成

消落带多功能浮床包括 4 个部分：浮床框体、浮床床体、浮床基质、浮床植物。整个浮床由多个浮床单体组装而成。

（1）浮床框体。每个浮床单体边长可为 1～5m，但为了方便搬运和施工及考虑到耐久性等问题，一般采用 2～3m。在形状方面，以方形为主。但考虑到景观美观、结构稳固的因素，也可有三角形及六边蜂巢形等浮床框体。浮床框体要求坚固、耐用、抗风浪，目前一般用聚氯乙烯（PVC）管、木材、毛竹等作为框架。PVC 管无毒无污染，持久耐用，价格便宜，重量轻，能承受一定的冲击力。木材、毛竹作为框架，比前者更近自然，价格低廉，但耐久性相对较差。

（2）浮床床体。浮床床体是植物栽种的支撑物，同时是整个浮床浮力的主要提供者。目前主要使用的是聚苯乙烯泡沫板，这种材料具有成本低廉、浮力强大、性能稳定的特点，且原材料来源丰富，不污染水质。同时，材料本身无毒、疏水，方便设计和施工，重复利用率相对较高。此外，还有将陶粒、蛭石、珍珠岩等无机材料作为床体的，这类材料具有多孔结构，适合微生物附着而形成生物膜，有利于降解污染物质。

（3）浮床基质。浮床基质用于固定植物植株，同时要保证植物根系生长所需的氧气条件及能作为肥料载体，因此基质材料必须具备弹性足，固定力强，吸附水分、养分能力强，不腐烂，不污染水体，能重复利用等特点，且必须具有较好的蓄肥、保肥、供肥能力，以保证植物直立与正常生长。目前使用的浮床基质多为海绵、椰子纤维等，可以满足上述要求。

（4）浮床植物。植物是浮床净化水体的主体，植物的选择需要满足以下要求：适应当地气候及水质条件，成活率高，优先选择本地种；根系发达，根茎繁殖能力强；植物生长快，生物量大；植株优美，具有观赏性；具有经济价值。可以选用的浮床植物有水芹、雍菜、水生美人蕉、芦苇、水稻、黄花鸢尾等。

3. 多功能生态浮床模式

笼养河蚌组合生态浮床是一种在浮床底部笼养河蚌构建的组合生态浮床。河蚌具有很强的水质净化能力，一只2龄河蚌每天可过滤约100～200L淡水，可有效滤食水体中的浮游生物，有利于水质净化。

鱼菜共生系统是指在消落带区域，将浮床蔬菜生产与池塘养鱼结合起来，形成一种新型的复合湿地农业体系。把水产养殖与蔬菜生产这两种原本完全不同的农业技术，通过巧妙的生态设计，达到科学的协同共生，从而实现养鱼不换水而无水质忧患，种菜不施肥而正常成长的生态共生效应。让动物、植物、微生物三者之间达到一种和谐的生态平衡关系，是未来可持续循环型零排放的低碳生产模式，更是解决消落带生态危机的有效方法。

附　件

附件I 消落带湿地农业适生湿地作物一览表

序号	湿地植物名称	拉丁名	生物特性	种植要求	应用价值
1	菰	Zizania latifolia	多年生草本植物，喜温暖湿润气候，萌芽期适温为10～20℃，分蘖期适温为20～30℃。对生长要求不严，但以土层深厚、有机质的黏壤土为好	选种：为防止雄茭、灰茭出现，每年应严格优选种株。选择株形整齐、孕茭早、结茭多的茭墩留种。选田：选择水源充足、通风、排灌方便，土层浅的基塘种植。时间：一般在4月底前栽植。栽种方法：栽前留10cm，割去地上秸叶、挖出种墩，劈取健壮老茎苗。栽植密度为宽行1m，窄行0.8m，株距0.6m。每亩①栽1400墩左右。栽植深度以老茎的白色部分入泥为宜（即原来的深度）。管理：菰在整个生长期间不能断水，水位要随着不同的生育阶段进行调节。① 春季茭苗开始生长时，水位宜浅，保持在2～3cm。② 孕茭期间控制20cm的水位。3月中旬后气温逐渐升高，老茎要勤换水。③ 采收：夏茭于立夏以后开始采收，秋茭于秋分后（国庆前后蓄水淹没前）采收。秋茭从茎管处折断，勿伤邻近植株；夏茭则连根拔起。	菰含有丰富的有解酒作用的有机氢素以维生素。嫩茎状态存在，并能提供氨基酸状态的鲜美，味道鲜美，营养价值较高，硫元素，容易为人体所吸收
2	慈姑	Sagittaria trifolia	慈姑生长期为4～10月，冬季地上部分枯死，以球茎在土中越冬。性喜温暖、水湿，不耐霜冻和干旱，水位宜浅。土壤要求软烂肥沃，含有机质多	育苗：用球茎进行育苗。一般在14℃以上，球茎顶芽萌发成幼苗，随着叶片和短缩茎的生长不断抽出匍匐茎，匍匐茎顶芽便向上生长形成分株。栽培：栽插深度要一致，以顶芽第三节位处，入土约半寸更利于着根，栽插距离为2.0～2.5寸，栽插苗深为1寸②左右。一般每亩栽4000株。管理：应定期除草和清除老叶。每隔20天清除一次，直到白露为止。采收：于秋季初霜后茎叶枯黄时起至次年春球茎发芽前随时可擦收。	味甘，微寒。能清热利尿，化痰止咳。用于湿热小便不利，或热淋、砂淋、肺热咳嗽，煎汤服；炖肉或以蜂蜜拌蒸食用，有益津润肺之功，可用于治疗肺虚咳嗽痰血等

① 1亩≈666.67m²。
② 1寸≈0.03m。

续表

序号	湿地植物名称	拉丁名	生物特性	种植要求	应用价值
3	连藕	*Nelumbo nucifera*	莲藕性喜温暖、水湿，不耐霜冻和干旱。要求土壤肥沃、富含有机质。一般需有3～5寸松软的肥沃淤泥层和保水性强的肥沃土壤。对水深的要求不得少于1尺①，且水流流自缓慢，涨落要稳	选种：藕种需选择具有本品种性状、藕头完整、藕身肥大、藕节细小、后肥粗壮和色泽光亮的母藕或充分成熟的子藕。栽种：多在3～4月上旬栽种。选择土深厚、有机质丰富的微酸性或中性的黏质土。播种方法宜斜栽。随选、随栽。藕塘水深一般前期保持5～6cm浅水，中期水深15～16cm；后期再放浅水。干终止叶出现后，其叶背呈微红色，基部叶缘开始枯黄时，说明藕已成熟，可以挖掘。采收：当终止叶出现时，叶片青绿时，挖取的为嫩藕，用手扒取；叶片枯黄后挖取老藕，用铁锹挖取	藕含有淀粉、蛋白质、天门冬素、维生素C以及氧化酶成分，含糖量也很高，能健脾开胃、益心补血，故主补五脏，有消食、止渴、生肌的功效
4	菱角	*Trapa bispinosa*	性喜温湿，不耐霜冻，必须在无霜期长的地方生。喜温，适宜深水，怕菱耐深水，一般以3～15尺为宜。底生长在耕层松软而有较多腐殖质。不抗风浪	选种：选择菱形饱满、充实度高、果皮无分瘤化、无病虫害的菱角。留种：清明前后，水温稳定在12℃以上时进行栽种。直播，适宜水深2～3m。底土较肥沃的地方生长，当菱角胚芽长出1～2cm时，将菱种均匀撒在水中。亩用种量一般为10kg。管理：菱角长出水面后，如密度过高，可采取人工疏密苗。采收：自处暑、白露到霜降期为止。每隔7天收一次，共采6～7次	菱角含有丰富的淀粉、蛋白质多种维生素、补脾胃，质及多种胶膜，菱粉粥有益胃肠，可解内热，具有一定抗癌作用
5	荸荠	*Eleocharis dulcis*	喜生于池沼中或浅栽浴在水田里。喜温、喜湿。怕冻，适宜生长在耕层松软、底生坚实的土壤中。在整个生长期中，要求有充足的光照	选种：选择球茎大、皮色红黑、顶芽完整、无裂缝、破皮或碰伤的荸荠茅做种。栽种：针对三峡水库消落带淹水时间，宜采用春季育苗，育苗前45天先催芽。当顶芽萌发4～5寸，并有3～4个侧芽时，即可定植。行距为2尺左右。管理：需水量大，栽后塘肉不宜缺水。一般移栽至分蘖分株期，保持2～3cm浅水层。采收：荸荠采收期可从霜降开始。因球茎主要集中在9～20cm的土层中，先扒掉上层8～9cm泥土，然后将下层土扒出，用手仔细翻出球茎	磷含量高，能促进人体生长发育和维持生理功能。荸荠是寒性食物，有清热泻火的良好功效。具有凉血解毒、利尿通便、化湿祛痰、消食除胀等功效

① 1尺≈0.33m。

续表

序号	湿地植物名称	拉丁名	生物特性	种植要求	应用价值
6	蕹菜	Ipomoea aquatica	茎蔓生，中空柔软脆嫩，葡萄长生。喜温暖潮湿，最适温度为30~35℃。适应性较强，对土壤要求不严格，既耐肥，又比较耐瘠。深水沼泽，浅水塘、浅水沼泽均可栽种	选种：蕹菜的育苗有无性繁殖和有性繁殖两种。无性繁殖是选留当年粗壮的母茎越冬，到下一年春季留育幼苗。有性繁殖是选当年留种。栽种：浅水栽种对土地要求不甚严格，但水源要求足。（气温15℃以上）选4~6寸长的秧苗栽种，每亩约需秧苗4万棵。管理：深水秧苗，塘内不脱水。采收：于栽后20~30天开始第1次采收，将主茎上嫩梢摘下，留好根部以上第二节。采收三四次后改为10天一次，一共可以采收10~12次	味甘，性微寒。能清热凉血，利尿除湿，解毒。用于热所致的鼻衄，吐血、便血、持疮出血，热淋，小便不利
7	莼菜	Brasenia schreberi	生于池塘湖沼。生长适温为20~30℃，在水质清洁、土质肥沃、水深20~60cm的水域中生长良好，气温低于15℃时生长缓慢，气温达40℃时生长逐渐停止，同化产物向茎中贮运，休眠芽形成中越冬，休眠过后再生	选种：用茎蔓进行无性繁殖。春分到各雨时期从池沼中挖取泥中越冬的地下茎，选取白色粗壮的茎段，每段带2~3节，作为种苗。栽种：选水深1~2尺，土质较肥沃松软的浅水区栽种，栽种距离2~3尺。管理：栽后半个月，用手拔除杂草，以后每月除草一次，直到枝叶生长铺满水面为止。采收：莼菜一经栽植，可连续多年采收。每年4~9月均可分期采收。一般春分到清明前后挖收泥中嫩茎，立夏到夏至可每隔一个月左右采收一次	鲜美滑嫩，为珍贵蔬菜之一。莼菜全含有丰富的胶质蛋白、碳水化合物、脂肪、多种维生素和矿物质，常食纯菜具有药食两用的保健作用
8	水生美人蕉	Canna glauca	喜温暖湿润气候，不耐霜冻，生育适温为25~30℃，喜阳光充足，土地肥沃，耐水湿	选种：将根茎分割成片繁殖，各代芽眼2~3个。栽种：常用分根繁殖，于早春萌芽前，开穴直接栽植露地。穴距80cm，行距80cm，栽植后生长应在后塘内可积蓄水。管理：无须特意管理	美化环境，吸收二氧化硫、氯化氢，以及二氧化碳等有害物质，具有良好的水质净化功能
9	芡实	Euryale ferox	喜温暖水湿，不耐霜寒。生长期间需要全光照，最宜富含有机质的轻黏土，水深以80~120cm为宜，最深不可超过2m。	选种：选择粒大饱满，颜色较深的果实做种。栽种：于清明前后将种子放于盆水中进行催芽，包括冷浸、泥团点播和条播3种方式，也可直播，直播方式。管理：芡苗出水前后或移栽时的芡苗成苗初期应注意拔除杂草。采收：常只进行1次集中采收，即在大部分果实成熟时采摘，多在9月下旬。采收时用长柄镰刀将带果便剥下果实	芡实为观叶植物，芡实种仁可供食用，茎、叶、果均可入药，根、茎，外壳可作染料，嫩叶柄和花梗剥去外皮可当菜吃
10	芋	Colocasia esculenta	性喜高温湿润，不耐旱，较耐阴。根系吸收力弱，整个生长期要求水充足水分，对土壤适应性广	芋头生长期在13~15℃才能发芽。一般在3月上中旬开始种植，种植应选择无病虫霉烂，顶芽完实，球茎形状较好的子芋，晒出2~3天后催芽播种。种植株距0.4m，种后淋水保持土壤湿润	具有丰富的营养素竹筒，能增强人体的免疫功能，可作为防治癌瘤的常用药膳主食，也可作为观赏植物

续表

序号	湿地植物名称	拉丁名	生物特性	种植要求	应用价值
11	黄花鸢尾	Iris wilsonii	适应性强，喜光耐半阴，耐旱也耐湿。生长适温为15～30℃，温度降至10℃以下会停止生长	选种：有性繁殖，播种前要先用温水浸泡半天，然后捞出，20天左右发芽，1个月后出齐苗，即可用浅养土。播后保持湿度与温度。无性繁殖（即勿失土中水分），在春秋两季将根茎挖出，用快刀或锋利的铁锹分割，不要碰伤芽，顺着塘边状种植，每块具2～3个芽为宜。栽种：露地栽植时，顺着塘边发育状况逐渐加深水，株行距30cm×40cm，水深6～10cm。发芽后可随生长发育通风透光。以保持浅水为宜。管理：栽培地要通风透光，生长期保持土壤湿润。以保持浅水位。	可作观赏，既可观叶，又可观花，是观赏价值很高的水生植物
12	水芹	Oenanthe javanica	以土质松软，土层深厚肥沃，富含有机质保肥保水力强的黏质土壤为宜	栽种：水芹一般于8月下旬至9月下旬分期排苗栽种，使母茎半露水面。7～10天萌芽，30天后苗高12～15cm时将苗拔起，原地重栽，每穴插3～4株。或在苗高30cm时按苗重栽，栽深约18cm，以秋化茎叶①。采收：立秋时排种的早水芹，于霜降时开始采收。	可作蔬菜，内含多种维生素和无机盐类，其中又以钙、磷、铁等含量较高，具有活血降压功效
13	香蒲	Typha orientalis	生长于湖泊、河流、池塘浅水处、沼泽、沟渠亦常见。对环境的适应能力强，喜肥沃的土壤环境，喜光照	选种：选取假茎较粗株，按5～7寸见方挖取种苗。栽种：清明前后到小暑前后都可栽种，挖7～8寸方的穴，深4～5寸。栽种后要葱绿有光，叶片较宽，1.5～2.0寸见方密栽。管理：当年新栽蒲菜6～7月和8～9月各收一次。如新蒲不旺，8～9月收一次	可编制蒲席。蒲菜的花粉（蒲黄）可入药止血。花穗的白线称蒲绒，可作枕芯和造纸原料。假茎的白嫩部分和地下茎的嫩头可作蔬菜食用

① 1斤=0.5kg。

附件Ⅱ 消落带林泽湿地农业适生树种一览表

序号	苗木名称	拉丁名	生物学特征	栽培管理	应用价值
1	落羽杉	*Taxodium distichum*	落叶大乔木，胸径可达2m；树干尖削度大，干基膨大，地面通常有屈膝状的呼吸根；枝水平开展，幼龄到中龄阶段（50年生以下）树冠呈圆锥形或伞状；50年生以上老树为宽圆锥形，秋季变为棕色。生叶侧生在小枝上为2列，叶线形，扁平，基部扭曲呈长为2列状，长1.0~1.5cm，宽约1mm，先端尖。球果变成红褐色。花期在4月下旬，球果熟期为10月	栽培：落羽杉的繁殖以播种为主，亦可扦插。12月至次年1月获得种子后，即将种子放在湿润沙层里，置于5℃的冷库或地窖中。定期检查并浇水保湿。后在翌年春季3月中下旬至4月初播种最理想。三年苗木高可达0.8~1.0m。苗木生长二年以后，春季水库水位下降时，将苗木移栽到库区消落带	落羽杉枝叶茂盛，秋季落叶较迟，冠形雄伟秀丽，是优美的消落带绿化树种；落羽杉木材材质轻软，纹理细致，易于加工，耐腐朽，可作建筑、杆、船舶、家具等用材
2	池杉	*Taxodium ascendens*	落叶乔木，高可达25m。主干挺直，树冠尖塔形，形状优美。叶钻形在枝上螺旋伸展，常有屈膝状呼吸根，低处注湿地，"膝根"尤为显著。花期在3月，10月成熟。雌雄同株。球果圆球形或长圆状球形，	栽培：10月，种子成熟时将球果采收。播种前可用冷水或40~50℃温水浸种4~5天。池杉对土壤pH反应敏感，故宜选择pH为5.0~6.5的砂壤土。播种宜在5月上旬进行。池杉播种苗当年生长高达0.8~1.0m，地径0.8~1.0cm。管理：刚移栽的幼苗应经常保持湿润；在干旱季节要浇水抗旱，灌水后应及时松土除草，栽植后2~3年内，每年要除草中耕三次	木材纹理通直，结构细致，不翘不裂，工艺性能良好，是造船、建筑、家具、车辆的良好用材；由于曲木韧性强，耐浸古，成为制作弯曲木和运动器材的原料，此外，池杉树冠窄矮；板耐水湿，抗风力强，又是三峡库区防护林，防浪林的理想树种
3	中山杉	*Taxodium 'zhongshanshan'*	半常绿高大乔木，树干挺拔，树型优美，是原产北美落羽杉属落羽杉、池杉、墨西哥杉3个树种的优良种间杂交种。落羽杉在我国以南（北纬40°）广大地区作生态环境建设，适应性更广，常绿性好	栽培：采用扦插繁殖。管理：移栽时浇足水，在成活后的整个生长期，如遇干旱应及时浇水抗旱；在移栽成活后生长，适时锄草松土，可促进小苗快速生长。当根系恢复生长后，地上部分也开始旺盛生长，可结合锄草进行松土。雨后或灌溉后进行松土，利于苗木生长	树干挺直，树形美观，树叶绿色期长，耐盐碱，耐水湿，抗风性强，病虫害少，生长速度快

续表

序号	苗木名称	拉丁名	生物学特征	栽培管理	应用价值
4	水松	*Glyptostrobus pensilis*	落叶或半落叶乔木，中国特有的单种属植物，古老的残存种。树高可达40m，胸径达1m。极耐水湿，多生于河流两岸。在潮湿水线上，15～30cm的立地上生长最好。主根和侧根发达，结构疏松，富有通气组织。花期在2～3月，球果在9～10月成熟	栽培：育苗一般采用"水育法"，即冬季围地作床播种，待苗高20～25cm时移植于水田平床，株行距20～25cm，每天早晨灌溉，保持水面淹没。切忌死水育苗。苗高1.5m时可出圃定植。株距1.5m，行距2.0m。管理：种植2～3年内应注意保护幼树主干顶芽和除草培土	可作建筑、桥梁、家具等用材。种鳞、树皮及含单宁，可染强网或制皮革。根系发达，适合栽种于迎风早消浪带，作固堤护岸和水土保持之用。水松的药用价值显著，水松浸出液的驱虫效果较海人草强三倍。水松所含成分—丙烯酸有强大的抑菌作用
5	旱柳	*Salix matsudana*	落叶乔木，可高达20m，胸径达80cm。大枝斜上，树冠广圆形；树皮暗灰黑色，有裂沟；枝细长，直立或斜展，褐黄色，后变褐色，无毛，幼枝有毛。芽微有毛，叶披针形，长5～10cm，宽1.0～1.5cm。花期4月，果期4～5月	栽培：用种子、扦插和埋条等方法繁殖，以扦插育苗为主、播种育苗亦可。管理：柳树扦插后要及时用大棒扶直及时灌1次透水。采取侧方沟灌，以后要根据情况，适时透灌。一般全年要灌水6～7次。注意雨季排出圃地积水。育苗地要及时中耕除草，做到勤锄、勤膛，保持土壤疏松无杂草	旱柳具有清热除湿、消肿止痛的功效。主治急性膀胱炎、小便不利、关节炎、黄水疮、疮毒、牙痛。柳树皮极富纤维素，是造纸的好原料。木材白色，质轻软，比重为0.45，供建筑、器具、造纸、人造棉、火药等用，细枝可编筐
6	垂柳	*Salix babylonica*	分布广泛，生命力强，是常见的树种之一。小枝细长下垂，叶互生，披针形或条状披针形，长8～16cm，先端渐长尖，基部楔形，无毛或幼时微有毛，具细锯齿。托叶早落或缺，或与叶同时开放。雌花序长1.5～2.0cm，有短梗。花期在3～4月；果熟期在4～6月	栽培：繁殖以扦插为主，也可用种子繁殖。控制新苗生长，移栽、定植过密苗木。培养胸径为7～10cm的苗木。定植密度为200株。重点培养冠形。管理：垂柳在生长过程中，关键在于修剪，垂柳易发生蚜虫、天牛等虫害，要注意及时防治	木材制作家具；枝条可编筐；树皮含鞣质，可提制栲胶；叶可作羊饲料。垂柳是固定库岸、防治水土流失的重要树种
7	秋华柳	*Salix variegata*	通常高1m左右，幼枝粉紫色，后无毛。蒴果狭卵形，长达4mm。花期不定。通常在秋季开花，形状多变化，长1.5cm。宽约4mm，先端急尖或微，上面散生柔毛或近无毛，全缘或下面有伏生绢毛，稀脱落，近无毛，有锯齿。叶柄短	栽培：应选在春季或秋季，尤以阴天或雨天栽植最好。选在足够半阴半阳环境均匀。光照无足或阳光过强要打好土团。栽植土壤要求微酸性，忌碱土。管理：在以主干为中心直径的树盘内重点松土和除草。灌水或淋雨后，为防止土壤板结进行中耕松土。浇水与排涝。浇水和种植当年的夏季，一个月内和种植后的一定要浇透水	适应水淹能力强，是三峡库区防治水土流失的重要树种

续表

序号	苗木名称	拉丁名	生物学特征	栽培管理	应用价值
8	竹柳	Salix 'zhuliu'	高度可达20m以上。树皮幼时呈绿色,光滑。顶端优势明显,腋芽萌发力强,分枝较早,侧枝与主干夹角30～45°。树冠呈塔形,分枝均匀。叶呈披针形,单叶互生,基部呈楔形,边缘有明显的细锯齿,叶片正面呈绿色,背面呈灰白色,较短	栽培:以扦插为主,在春秋季均可进行。一般采用平头状栽修剪。管理:夏季干旱时要及时浇灌,以保证充分发挥苗木的生长潜力。浇水过后要中耕松土,可以疏松土壤,破除板结,增加土壤的透气性,从而有利于根呼吸	木材自然、白度高、不空心、不黑心,是制造纤维板、细木工板、胶合板的优质原料;纸浆性能优良,优于杨树、桉树等速生树种
9	乌桕	Sapium sebiferum	高达15m,各部均无毛而具乳状汁液;树皮暗灰色,有纵裂纹;枝广展,具皮孔。叶互生,纸质,叶片呈菱形、菱状卵形或稀有菱状倒卵形,雌雄同株,聚集呈顶生、长6～12cm的总状花序。蒴果呈梨状球形。花期在4～8月	栽培:一般用播种法,优良品种用嫁接法。也可用埋根法繁殖。乌桕移栽宜在萌芽前春暖时进行,如果苗木较大,最好带土球移栽。采种时间通常在11月中旬,当种子70%～80%果实完全裂开,露出种子时为最佳果种期。管理:栽后两三年内要注意病虫害的防治管理工作,可用人工摘除结合剪枝的方法防治	乌桕的根皮、树皮、叶可入药。根皮及树皮四季可采,叶片晒干;叶多鲜用。乌桕是我国南方重要的工业油料树种,种子外被之蜡称为"柏蜡",可提制"皮油",供制高级香皂、蜡纸、蜡烛等;乌桕所产的皮油和桕油,都是工业所需的紧俏物质
10	桑树	Morus alba	叶呈卵形至广卵形,叶端尖,叶基呈圆形或心脏形,边缘有粗锯齿,有时有不规则的分裂。叶面无毛,有光泽,叶背脉上有疏毛。雌雄异株,5月开花,柔荑花序,呈黑紫色或白色。喜光,幼时耐阴,呈紫暗色。聚花果5～6月,果熟期在6～7月,耐干旱,喜温暖湿润气候,耐寒,耐水湿能力极强	土地整理:将土地处理平整,清除杂物,进行深翻。深翻时间:在11～12月。种桑技术:每亩移栽桑苗1000～1200株。将苗移植时间在次年3月。种植前将枯萎苗,过长根剪去,分别种植,种植前将桑苗浸泡一下,可提高成活率。要求苗直,根伸,浅栽踏实,浇足定根水。以嫁接口入土10cm左右为宜,覆盖地膜。管理:每年养蚕结束后进行一次中耕,根据杂草生长情况除草	桑叶可疏散风热、清肺、明目。可治疗风热感冒、发热头痛、汗出恶风、咳嗽胸痛,叶做弓。以叶片来做弓,叫做桑弧。枯枝可以作为药材;桑木可以造纸、木材坚硬,亦可作药片,可制家具、乐器、雕刻等。桑葚不但可以充饥,还可以酿酒,称桑子酒

续表

序号	苗木名称	拉丁名	生物学特征	栽培管理	应用价值
11	中华蚊母树	*Distylium chinense*	常绿灌木，高约1m；嫩枝粗壮，节间长2～4mm，被褐色柔毛，老枝暗褐色，秃净无毛；芽体裸露，有柔毛。叶为革质，短圆形，长2～4cm。雄花为穗状花序，花无纤细，弯筒极短，弯齿呈卵形或呈披针形，花丝纤细，花药呈椭圆形	栽培：用播种和扦插法繁殖。在9月采收果实，日晒脱粒，净种后干藏，至翌年2～3月播种，发芽率为70%～80%。扦插在3月，用硬枝踵状插，也可在梅雨季用嫩枝踵状插。移植在10月中旬至11月下旬，或2月下旬至4月上旬去枝叶，可进行，需带土球。栽后适当疏去枝叶，可保证成活。也可以无性繁殖。管理：无须特别管理	对烟尘及多种有毒气体抗性很强，树皮内含鞣质，可制鞣胶；木材坚硬，可作家具、车辆等用材。对二氧化硫及氯有很强的抵抗力。可入药，治疗水肿，手足浮肿、风湿骨节疼痛、跌打损伤。根系发达，盘根错节，硬如铁丝。且具有极强的喜湿耐碱涝和抗洪水冲击以及耐沙土掩埋的特性，是三峡水库消落带防沙固土的理想根栽种
12	中华枸杞	*Lycium chinense*	灌木，高0.5～1.0m；枝条细弱，呈弓状弯曲或咧生刺弯垂，生叶和花的棘测较长，小枝顶端锐尖成棘刺状。单叶互生或2～4枚簇生。花在长枝上单生或双生于叶腋。浆果呈红色，卵状	栽培：可用种子、扦插、分株繁殖。扦插繁殖可在3月同扦插。当株高1m，有4条须根时定植，按每667m²种植250株左右，株距1.2～1.5m，行距1.8～2.0m。垄植、沟植皆可。管理：无须特别管理	由于耐干旱，可生长在沙地，因此可用作为水土保持的灌木。而且由于其耐盐碱，可以成活在滨带盐碱地先锋植物。果实（枸杞子）有解热止咳之效用，可用作食品、饮料、保健品等。在煲汤或者煮粥的时候也常加入枸杞
13	长叶水麻	*Debregeasia longifolia*	落叶灌木，高1～3m。小枝圆筒形。单叶互生；叶片披针形至长椭圆状披针形。花单性，雌雄异株。	栽培：一般生于山谷、溪边两岸灌丛中或森林中的湿润处，可以进行移植栽培。管理：无须特别管理	可以入药，具有祛风止咳、清热利湿的功效